笑傲次世代

高级游戏角色3D制作宝典

宋佳儒◆主编

化学工业出版社

·北京·

编写人员名单（排名不分先后）

孙　岩　徐　阳　杨　申　贾　琳　张景玉

王小倩　吴长胜　王　泽　曹　健　杨显涛

郑新宇　单福源　李　凤　宋佳儒　刘莹莹

王　旎　张永锋　马　宁　吕开明　孙风云

图书在版编目（CIP）数据

笑傲次世代：高级游戏角色3D制作宝典/宋佳儒主编．
北京：化学工业出版社，2008.10
（CG ART）
ISBN 978-7-122-03811-1

Ⅰ．笑…　Ⅱ．宋…　Ⅲ．三维-动画-图形软件　Ⅳ．TP391.41

中国版本图书馆CIP数据核字（2008）第154015号

责任编辑：徐华颖　王　斌　　　　　　　　装帧设计：王凤波
责任校对：陶燕华

出版发行：化学工业出版社(北京市东城区青年湖南街13号　邮政编码100011)
印　　装：北京画中画印刷有限公司
787mm×1092mm　1/16　印张12¼　字数260千字　2009年1月北京第1版第1次印刷

购书咨询：010-64518888（传真：010-64519686）　　售后服务：010-64518899
网　　址：http://www.cip.com.cn
凡购买本书，如有缺损质量问题，本社销售中心负责调换。

定　　价：68.00元　　　　　　　　　　　　　　　　版权所有　违者必究

前　言

CG是Computer　Graphics的缩写，是电脑图形的意思，需要依赖电脑来进行艺术创作，所以必须要掌握一定的软件技巧。笔者从接触CG到现在也有很多年了，希望能在这本书里把学习CG的一些体会结合教学上的一些经验和大家分享，给深陷在苦恼和迷茫中的朋友们一点启示，少走些弯路。对于走过的弯路，笔者是有切肤之痛的。笔者曾受惑于一些对3D软件的夸张渲染及唯技术至上的观念，直到认识到了美术基础才是CG行业的灵魂，才重新找到正确的方向，而这期间浪费的时间已经是难以挽回了。不提高美术的根底，软件掌握再多也只是天上的浮云，只能是看起来很美的摆设，只有扎实的美术根底才能脚踏实地的创作出优秀作品。

对于游戏行业的初学者来说，最具有指导意义的教程应该是完全按照实际工作流程，同时兼顾软件操作与艺术灵感的优秀实例，而不是重工具轻流程、只是详细讲解软件功能的字典型教程，这也正是本书的主旨。因为是实例讲解，所以需要读者具备一些基础的软件操作能力，读者要先阅读一些Max的基础书籍，掌握基本Poly建模和展UV功能。书中会涉及ZBrush和BodyPainter3D软件，并对基本功能进行详细讲解，但更深入、全面地学习需要阅读其他的书籍或者网络上的资料。本书包含了两个实例：鹿角武士和翼火蛇。鹿角武士是按照国内通行的网络游戏低模标准来制作，读者可以从中学习到低模模型的布线技巧和贴图的高级绘画技巧；翼火蛇是按照游戏行业未来发展的趋势，采用了以法线贴图为代表的次世代游戏制作方法。翼火蛇实例从技术到艺术上的难度都要超过鹿角武士实例，所以读者在学习过程中要按照书中的顺序循序渐进的学习。

本书着重阐述的是游戏角色制作中的流程和理念，容量很大，包含了游戏角色制作的方方面面，操作上的细节也无一疏漏，适用于希望从事游戏事业的CG爱好者和游戏从业者。本书配有DVD光盘，约30个小时的高精度视频教学，方便读者学习。本着授之以渔而非授之以鱼的原则，希望读者朋友能结合书中的例子勤加练习，早日成材。

编著者
2008年8月

目录 | CONTENTS

 **游戏美术介绍**

1.1 游戏美术的发展及方向

1.1.1 游戏美术的发展

从1983年任天堂第一款8位游戏机的问世，到现在经历了25年的历史，随着计算机硬件技术的飞速发展，游戏的画面和制作方法有了天翻地覆的变化。最开始的游戏美术完全采用平面软件进行制作，随着3D技术的成熟，游戏制作一部分工作逐渐采用3D方法制作，现在主流的游戏画面完全采用3D效果。

游戏美术的制作方法的演变。

(1) 2D游戏初期的游戏美术完全采用平面软件制作，比如大家熟悉的马里奥、魂斗罗，以及经典的武侠游戏——仙剑奇侠传等。如图1-1所示。

● 图1-1

(2) 2.5D游戏随着3D技术的发展，3D技术的优势逐渐呈现出来。角色和场景采用3D技术制作，对于角色渲染出连续的动作图像，对于场景将渲染出的图像在平面软件中进行修整。这种画面最终的效果还是平面的，但由于制作过程中采用3D技术，画面也有一定的立体效果，所以通常成为2.5D游戏。比如著名的动作游戏暗黑破坏神、博得之门等，如图1-2所示。

2.5D游戏由于技术简单、画面细腻、制作技术要求较低，现在依然被一些公司所采用，特别是在国内依然有一些网络游戏是采用2.5D的方式制作。

(3) 3D游戏。随着技术的提高，全3D的游戏成

● 图1-2

为现实。3D游戏有视角灵活、立体感强等优点，能使玩家有一种身临其境的感觉，其中的佼佼者有魔兽世界、CS等，如图1-3所示。

● 图1-3

1.1.2 网络游戏的发展

网络游戏现在拥有最多的玩家，特别在国内，每款网络游戏的推出都能立即拥有大批的玩家。网络游戏的发展同样经历了2D游戏、2.5D游戏到3D游戏的发展，最初的网络游戏大多采用2D和2.5D的制作方式，比如韩国研发的游戏《奇迹》、《石器时代》，国内的大型网络游戏《传奇世界》、《梦幻西游》等，如图1-4、图1-5所示。

● 图1-4

● 图1-5

随着网络游戏技术的发展，近年推出的网络游戏以3D游戏为主，比如著名的天堂、魔兽世界等，如图1-6所示。

● 图1-6

1.1.3　游戏制作发展方向

随着一些高端技术的应用，特别是PS3、Xbox360等次世代的游戏机发布，3D游戏的画面有了更大的提高，制作手段也更加复杂，某些游戏画面已经逼近CG动画效果，未来会达到电影级别，使玩家在玩游戏时就像是在欣赏电影，著名的次世代游戏大作如战争机器等，如图1-7、图1-8所示。

● 图1-7

● 图1-8

随着电脑硬件的飞速发展，网络游戏和单机游戏一样，将逐渐过渡到3D游戏，淘汰掉2D和2.5D游戏，并且应用更多的新技术，向次世代游戏方向发展。

1.2 游戏美术创作流程

1.2.1 游戏公司部门构成

作为一个完整的游戏研发公司,应该具备策划部门、美术开发部门、程序开发部门、游戏测试部门。在游戏开发完成之后可以交给运营公司进行代理运营,也可以自主进行运营。运营部门要有市场推广部门、运营部门、游戏测试部门、网站设计管理部门、客服部门等。运营公司的流程不是本书要讨论的范围,下面详细介绍一下游戏开发公司的机构和人员设置。

策划部门策划人员有很多分类,每个策划人员都有比较专门的工作职责,一般分为创意策划、系统策划、文案与剧情、数值设计等。具体公司的策划部门名称可能有一定的差异,但基本的分类是相同的。其中和美术开发部门直接打交道的是创意策划。

游戏开发部门一款游戏的好坏美术占很重要的内容,游戏美工人员的分工很多,下面从两方面来进行分类。

从创作方式来分:分为平面美工和3D美工。平面美工顾名思义是指使用平面软件来进行创作,包括角色的原画设计、场景的原画设计、宣传插图绘制、游戏界面设计、地图设计。3D美工使用3D软件进行创作(主要使用Maya和3ds Max),主要包括角色制作、场景制作、游戏特效制作、角色动作制作、魔法特效制作。

从创作的内容分类:分为界面设计、角色设计、场景设计、特效设计、动作设计等。

两种分类方法是有交叠的,比如说角色设计,需要平面美工先设计出形象,绘制出原画,然后由3D美工根据原画创作出模型。对于一些较大规模的公司,分工会非常详细,甚至将3D工作的建模和贴图绘制分开由专门人员制作。

程序开发部门程序开发是游戏开发公司重要的组成部分,一般分为客户端程序员、服务器端程序员等。程序部门和美术部门也有较多的交流,美工需要根据程序的要求指定制作的规范。

1.2.2 游戏美术创作流程

首先由策划部门提出需求,然后将需求提供给美术部门,由美术部门按照一定的规范进行制作,完成后交给程序部门进行编辑,放入游戏中使用。在具体的制作过程中是需要一定的反复的,比如美术部门制作完成之后要交给策划进行检查,看是否实现了策划的要求,交给程序部门之后有不符合规范的地方也要再次进行修改。下面就以一个角色的具体例子来进行说明。

(1) 策划提出需求,比如创作一个直立的牛形怪物,并提出具体的要求,如高度、特征、生活环境、战斗方式等。

(2) 美术总监分派给原画设计师:美术总监拿到策划需求,将任务分派给专门进行角色设计的原画设计师。(注:一般美术部门都有一个美术总监或美术主管,主要负责美术风格的制定和与其他部间的协调。)

(3) 原画师进行创作设计:根据策划的需求和美术总监的要求进行设计,在设计后提交给美术总监,得到美术总监和策划部门认可后交给3D美工完成具体制作工作。如图1-9所示。

● 图1-9

(4) 3D模型制作:根据原画的设计按照公司的制作规范进行模型制作。如图1-10所示。

(5) 进行动作调节:在模型制作出之后,交给动作调节师进行动作调整。在动作得到美术总监的认可之后,就可以交给程序员放入游戏中使用。

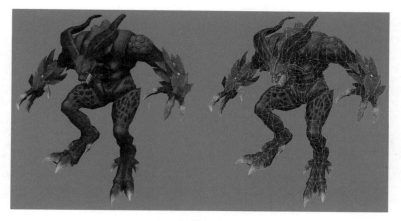

● 图1-10

1.2.3 游戏3D技术剖析

对于3D游戏的制作,不同的领域采用的3D技术是有区别的。比如模型制作主要使用建模模块工作,动作调节主要使用骨骼和动画模块(3ds max中主要使用cs模块),特效制作主要使用粒子模块进行制作。

本书讨论的主要是角色建模的内容,模型制作也是游戏美术中非常主要的组成部分,下面就来介绍一下角色建模技术要求和规范。

(1) 角色建模技术要求

3ds max中有很多模块、有建模模块、动作模块、特效模块、骨骼模块、布料系统、毛发系统、动力学系统等。对于3D游戏角色建模来说,只需要熟练掌握多边形建模技术和展UV就可以了。由于需要给制作好的模型绘制贴图,所以需要掌握Photoshop的基本功能。具体介绍如下。

①多边形建模技术 3D软件中建模的方法很多,一般常用的有多边形建模和曲线建模。在Max中多边形建模又分成Mesh和Poly,其中Mesh是早期的建模方式,是曾经的主要游戏建模方式,但这种方式局限性很大,只支持三边面和四边面,而且功能较少,随着Poly建模方式的出现已经被淘汰。Poly建模是Max5.0版本之后增加的优秀建模方式,功能非常强大,可以快速地制作出复制的模型,因此现在在游戏制作中被广泛采用。使用多边形进行角色建模通常从一个Box集合体修改而成,如图1-11所示。

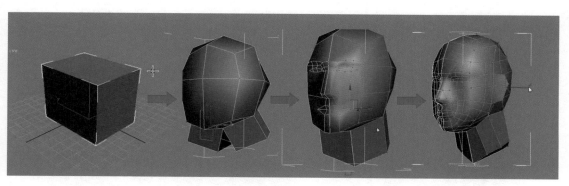

● 图1-11

多边形在编辑的时候可以对点、边、面子层级进行修改,处在不同的子层级可以使用不同的工具。在点子层级编辑时常用"Cut"、"Remove"、"Target Weld"等命令,如图1-12所示。

在边子层级编辑时常使用"Remove"、"Split"、"Connect"、"Collapse"等,如图1-13所示。

在面子层级编辑时常使用"Extrude"、"Flip"、"Attach"、"Detach"等,如图1-14所示。

UV展开主要使用"Quick Planar Map"和"Pelt"命令,如图1-15所示。

5

● 图1-12

● 图1-13

● 图1-14

● 图1-15

熟练掌握了这些功能就可以进行角色的建模操作了。

②展UV技术　在3D软件中UV展开是一个重要的步骤，UV展开是否合理直接影响到贴图的效果。对于复制的模型来说，需要很多步骤来展开UV，甚至需要借助其他软件或者插件来展开UV，比如Deep UV等。因为游戏中使用的低模模型一般面数调低，所以UV相对高模要容易展开得多，展开时只要注意布局和比例的合理，并尽量减小拉伸就可以，也不需要使用其他的软件，只要熟练掌握Max的UV展开功能就可以很好完成。

本书使用的Max版本是9.0，只要熟练掌握"Quick Planar Map"和"Pelt"展开方式就可以满足低模的展开要求了。

③贴图绘制　展开UV之后需要绘制贴图，对于低模制作来说贴图的绘制非常重要。业内有一种共识，就是"三分模型，七分贴图"。由于低模模型面数比较低，有很多的细节都需要在贴图上绘制出来。绘制步骤是先整体到局部，如图1-16所示。

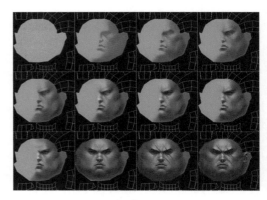

● 图1-16

(2) 角色建模技术规范

针对不同的游戏，角色建模有不同的规范，主要体现在模型的数量和贴图的大小上。

①1500面以下　主要是早期的网络游戏和一些即时战略游戏。由于以前机器配置的限制，流程运行游戏角色的面数就不能太高，这样面数的模型贴图也很小，一般是一张或者几张256×256贴图。如图1-17、图1-18所示。

● 图1-17

● 图1-18

②1500至3000面　现在主流的网络游戏和比较早期的电视游戏。对于主流的网络游戏来说，流畅度是一个必须要保证的条件，所以按照这个规范制作的模型既看起来比较精致，又可以在配置不是很高的机器上流畅运行。一般一个角色配置一张或几张512×512大小贴图。

一些游戏大作如天堂2、魔兽世界、最终幻想等，都属于这个范畴。如图1-19～图1-21所示。

● 图1-19　　　　　　　　　● 图1-20　　　　　　　　　● 图1-21

③3000至10000面　最新的网络游戏和家用游戏机游戏（PS3，Xbox360）。随着游戏制作手段的丰富、网络游戏的竞争日渐激烈，游戏开发公司对画面的追求也日益增高，比如2007年底推出的网络游戏《奇迹世界》中的角色模型已经达到了6000多面，如图1-22所示。

新型的家用游戏机，如PS3，Xbox360中的一些新作甚至一个角色的面数超过一万面，也就是所谓的次世代游戏，如图1-23。一般这种模型的精度要采用一张或几张1024×1024大小的贴图，同时采用了法线贴图，深度贴图等先进的技术。

● 图1-22　　　　　　　　　　　　　　　● 图1-23

④法线贴图技术　提到3D游戏技术的发展，不能不提一种使游戏的3D画面产生飞跃的技术——法线贴图技术。这种技术是将具有高细节的模型通过映射烘焙出法线贴图，贴在低端模型

的法线贴图通道上，使之拥有法线贴图的渲染效果，却可以大大降低渲染时需要的面数和计算内容，从而使低模模型达到高模模型的显示效果，是未来游戏发展的趋势。

法线贴图具体的制作方式将在翼火蛇模型的制作过程中做详细的讲解，下面通过一组模型添加法线贴图前后对比图来直观的感受一下法线贴图的作用，如图1-24～图1-26所示。

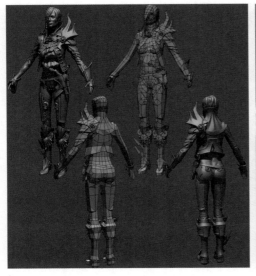

● 图1-24

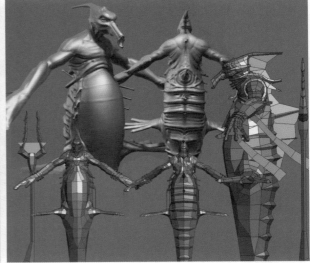

● 图1-25

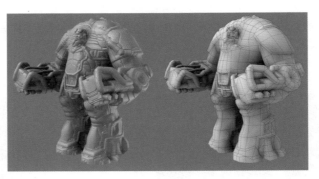

● 图1-26

鹿角武士模型制作

●本章概述●

这章进行第一个例子鹿角武士的制作,本书的两个例子是按照难度由浅入深的顺序。第一个例子采用的是现在国内网络游戏主流的制作方式,从模型的面数到贴图的大小,都符合国内乃至国际上普遍的规范。鹿角武士整体的面数控制在2500面左右,贴图采用512×512像素,身体和盔甲各一张;第二个例子采用的制作方法采用了很多高端的技术,也就是所谓的次世代游戏制作方法,主要为PS3,Xbox360这类高端游戏机应用,同时也是网络游戏的发展方向。

2.1 身体建模制作

本节概述:身体建模一般都从头部开始,然后是身体和四肢,制作时只需要制作一半即可,另一半通过复制得到。按照鹿角武士要求整体面数控制在2500面左右,所以头部不能有太多的细节,脖子半圈的面在五个左右,身体半圈的面在六个左右,胳膊和腿一圈的面在六个左右。用户略有3ds max的操作基础,掌握多边形的基本编辑操作,如"Cut"、"Target""Weld"等。

2.1.1 头部制作

概述:低模制作通常都是从头部开始,本节讲述的就是头部的建模方法,头部建模的方法比较多,本节采用的方法是由一个Box开始,先用切割工具刻画出五官,然后整理布线。这种方式成熟高效,适用于各种角色的头部制作。头部的结构比较复杂,需要在具备一定细节的同时达到省面的目的,低模布线要求不能有超出四边的面。额头,眼睛,颧骨等部位容易做的比较平,需要加以注意。

2.1.1.1 建立参考三视图

目的:在Max中建立两个面片物体,并赋予已经绘制好的三视图来作为建模的参考。

我们先来看一个鹿角武士的原画,如图2-1所示。

我们再来看一下鹿角武士的三视图。说是三视图,但一般来说我们只需要正面和侧面的视图就可以了,如图2-2所示。

● 图2-1

● 图2-2

首先我们启动Max，然后建立一个Plane(平面)物体，如图2-3所示。

点击"M"键，打开材质编辑器，赋予Plane(平面)物体一个材质球，如图2-4所示。

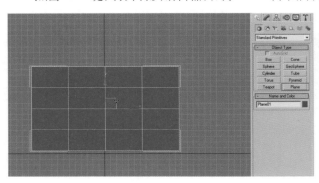

● 图2-3

● 图2-4

在材质的"Diffuse (漫反射)"通道里选择"Bitmap (位图)"贴图类型，然后选择鹿角武士的三视图，确定，如图2-5所示。

按下材质编辑器的显示贴图按钮，在Plane物体上显示出贴图，如图2-6所示。

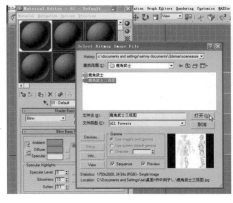

● 图2-5

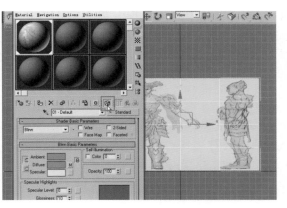

● 图2-6

很显然现在贴图的显示比例并不准确，那么我们怎么能让贴图的比例正确是一个需要解决的问题。现在查看鹿角武士三视图的尺寸为1750×2000，用同样的尺寸来设置Plane的大小，会发现贴图的显示比例已经正确了，如图2-7所示。

在前视图里把Plane移动一下，让人物的正面中心线对准y轴向，脚部落在x轴向，如图2-8所示。

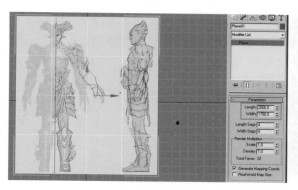

● 图2-7

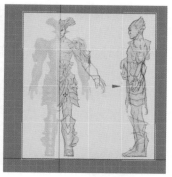

● 图2-8

把视图切换到顶视图，选择旋转工具，并且把角度吸附工具击活，如图2-9所示。

按住"Shift"键同时沿着x轴进行旋转，这样我们在旋转的同时会进行复制，观察旋转的角度，在90°的时候松开鼠标，会弹出一个复制类型窗口，在复制模式里选择"Copy（复制）"方式，确定，如图2-10所示。

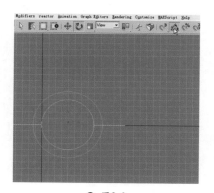

● 图2-9

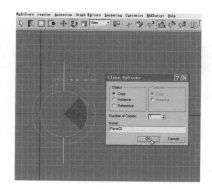

● 图2-10

在User视图里查看复制后的效果，如图2-11所示。

我们会发现在旋转的时候有的面很暗，看不清楚上面的贴图，这样会不利于参考。打开材质编辑器，在刚刚指定的材质球的"Self-Illurmination（自发光）"选项的参数调整到100，可以发现两个Plane物体上所有的面都变得很光亮，所以增大这个值场景中的灯光对模型的影响会减小，模型的亮度会增加，效果如图2-12所示。

● 图2-11

● 图2-12

◎ 如何使Max中赋予了三视图的面片物体有正确的比例是本节的重要。我们在模型制作的时候要注意一个比例的问题，具体标准要根据公司的规范执行，而每个公司的要求也不完全相同。我们在练习的时候要注意不能把模型的尺寸设置的过大或者过小，一般宽高在几百到几千的范围内都是可以了，但过小或者过大会使模型制作过程中产生一些问题，比如某些工具使用时会出现错误，希望读者朋友注意。

2.1.1.2 制作头部基本模型

目的：制作出头部的大体结构。

基本的准备工作已经完成了，下面来正式进入人体模型的制作。通常在人体制作的时候都是从头部开始制作，然后是躯干和四肢。

首先把视图切换到前视图，在头部的位置建立一个Box物体，大小和头部相同，如图2-13所示。

把视图切换到四视图，为了制作时的方便，把上面两个视图拉大，（a）采用Right也就是右视图，（b）采用Front也就是前视图。接下来几步的操作基本都在这两个视图里进行，如图2-14所示。

给Box物体加入一个"Turbosmooth（光滑细分）"修改器，如图2-15所示。

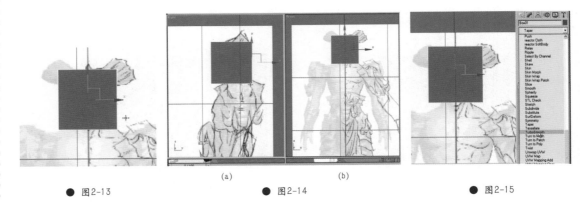

● 图2-13　　　　　（a）　　　　　（b）　　● 图2-14　　　　　● 图2-15

这个修改器是使物体光滑的修改，加入修改之后的效果如图2-16所示。

在Box选择的情况下点击右键，选择"Convert to"中的"Convert to Editablepoly（转化成可编辑多边形）"，把物体转化成Poly，也就是转化成多边形物体，如图2-17所示。

进入Box的点层级中，删除模型的左半边，如图2-18所示。

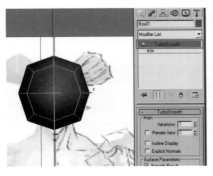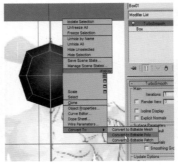

● 图2-16　　　　　● 图2-17　　　　　● 图2-18

在修改面板中添加"Symmetry（镜像）"命令，命令的参数保持默认，这个命令可以实现模型的对称复制，实现左右的联动操作，因此我们只需要制作模型的右半边就可以了，如图2-19所示。

进入"Editable Poly"的点层级，同时激活模型显示堆栈的按钮，这样操作的时候可以同时看到左边的模型，如图2-20所示。

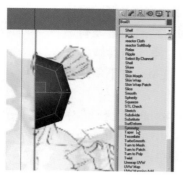

● 图2-19

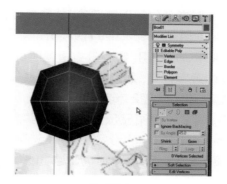

● 图2-20

按键盘的快捷键"Alt+X"，使模型可以半透明的方式显示，方便进行操作，如图2-21所示。

对照背景三视图，在前视图调节模型点的位置，使模型和头部形状大致匹配，如图2-22所示。

对照背景三视图，在右视图调节模型点的位置，使模型和头部形状大致匹配，如图2-23所示。

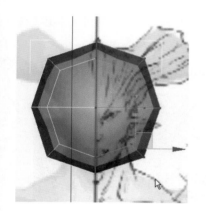

● 图2-21

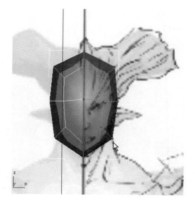

● 图2-22

● 图2-23

采用面模式，选择脖子根部位置的面，右键选择"Extrude"命令，进行挤出操作，如图2-24所示。

在User视图里删除应用"Extrude（挤出）"命令后内部产生的面，如图2-25所示。

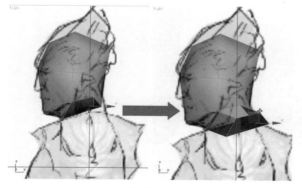

● 图2-24

● 图2-25

◎ 注意在挤出操作后删除内部不需要的面。建模操作的时候视图的切换是很灵活的，接下来的操作我们将主要只显示一个视图，然后根据需要不断在各种视图里切换，特别是经常要使用到立体视图。立体视图有User视图和Perspective（透视图）两个，两者的区别是前者没有透视，推荐使用User视图，因为没有透视时更方便操作。操作的时候需要经常地旋转观察视角，所以旋转方式的选择很重要。在Max右下角旋转方式选择第三种，如图2-26所示。

● 图2-26

为了使背景三视图显示清晰，选择菜单中"Customize（定制）"中"Preference Settings（参数设置）"选项，选择"Viewports（浮动窗口）"选项，在"Configure Driver（驱动设置）"中按图中设置，如图2-27所示。

● 图2-27

2.1.1.3 制作五官

目的：使用切割工具制作出头部五官，注意比例的正确与布线的合理均匀。

因为低模对布线的要求很高，所以我们必须要保持模型布线的合理性。开始的时候不必太注重布线，把五官的结构先切出，再进行整理是种高效的方式。

在前视图里，利用"Cut（切割）"工具，切出眼睛的形状，如图2-28所示。

在前视图里，利用"Cut"工具，切出鼻子的形状，并在右视图里向前移动，如图2-29所示。

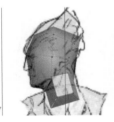

● 图2-28　　　　　　　　　　　　　　● 图2-29

选择眼睛到下颚的线，利用"Remove(移除)"命令进行移除（移除不等于删除），如图2-30所示。

继续用"Cut"工具在前视图和User视图切割出嘴部，如图2-31所示。

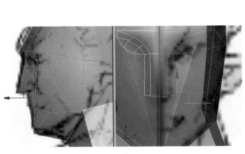
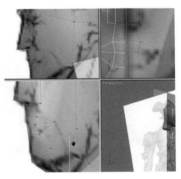

● 图2-30　　　　　　　　　　　　　　● 图2-31

在右视图里移动嘴部点的位置，如图2-32所示。

在右视图里通过"Cut"工具进行结构的细化，调整形状。调节的时候注意嘴部的特征：上嘴唇比下嘴唇突出，下嘴唇比下巴突出，但不要调整过于明显，如图2-33所示。

在右视图里调整耳朵周围的点，如图2-34所示。

用"Cut"工具在右视图里切割出耳朵的形状，如图2-35所示。

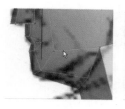
● 图2-32

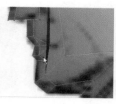
● 图2-33

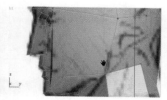
● 图2-34

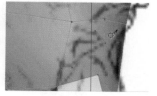
● 图2-35

对耳朵尖进行细节的增加，如图2-36所示。

移除图中的两条边，如图2-37所示。

选择耳朵尖端的三个点，向头部侧方移动，形成耳朵的形状，如图2-38所示。

按 "Alt+X" 键，使模型实体显示，如图2-39所示。

● 图2-36

● 图2-37

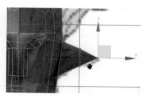
● 图2-38

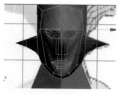
● 图2-39

2.1.1.4 制作面部，并整理五官布线

目的：制作出面部的结构，重点是下巴和腮部的结构。上小节中只是粗略的制作出五官，所以要结合面部的布线加以整理和细化。

在右视图里调整头部的形状，如图2-40所示。

剩下的工作可以完全在User视图里进行操作，事实上熟练的建模师最经常使用的就是User视图。

按"Alt+Q"键，进行模型的单独显示，隐藏背景图，如图2-41所示。

● 图2-40

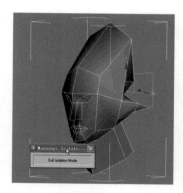
● 图2-41

选择"File（文件）"菜单中"View Image File（查看图像文件）"命令，找到鹿角武士原画视图，如图2-42所示。

把原画放在Max左侧作为建模参考，如图2-43所示。

● 图2-42

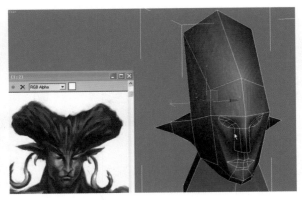

● 图2-43

对鼻尖的部分进行加线操作，如图2-44所示。

在鼻翼和上唇之间进行加线操作，如图2-45所示。

调整新生成的点，使鼻子和上唇之间形成柔和的过渡，如图2-46所示。

现在对模型腮部进行处理，这部分的结构很重要，我们需要合理的布线来表达出结构。先进行切线处理，如图2-47所示。

● 图2-44

● 图2-45

● 图2-46

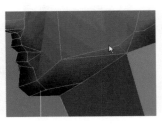

● 图2-47

现在在腮部形成两个点，上面的点是腮部突出的骨点，下面的点是脖子根部陷入的结构点，这两个点的存在是腮部正确结构的基础，如图2-48所示。

调整这两个点在前视图中的位置，如图2-49所示。

在侧面进行线的修正，移除两条线，如图2-50所示。

加线、减线的操作是要贯穿建模的始终，继续用"Cut"工具在腮部和下颚之间加线，如图2-51所示。

● 图2-48

● 图2-49

● 图2-50

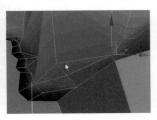

● 图2-51

从鼻梁中间到耳朵中间加线，如图2-52所示。

从鼻梁中间到耳朵下部分加线，如图2-53所示。

调整耳朵下边点的位置，如图2-54所示。

在嘴角到下颚连一条线，如图2-55所示。

   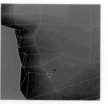

● 图2-52　　　　　　　● 图2-53　　　　　　　● 图2-54　　　　　　　● 图2-55

　　通过加线和移除命令使嘴部的结构更加合理，使之变成四边面的结构（多使用四边面会方便观察和修改），但建模的时候不用避讳三角面，如图2-56所示。

　　在眼睛下部到嘴角之间切线连接，如图2-57所示。

　　通过以上的操作可以看出有了五官的基本结构后对面部的布线处理会变得很容易，也就是先切割出五官的好处。

　　在脸部侧面切出几段线，丰满侧面的结构，如图2-58所示。

　　移除一条线段，使之变成四边面，如图2-59所示。

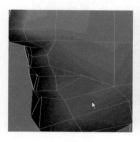  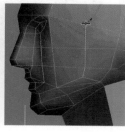 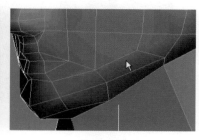

● 图2-56　　　　　　● 图2-57　　　　　　● 图2-58　　　　　　　● 图2-59

　　略微调整一下脸部侧面点的位置，如图2-60所示。

　　脸部布线已经初具规模，现在进行点的调节，在前视图里调整下鼻子的形状，使鼻头的形状正确，如图2-61所示。

　　在前视图里调整嘴部的形状，要注意上唇要比下唇略薄，如图2-62所示。

　　调整一下下颚和腮部的点，使下颚宽大，如图2-63所示。

 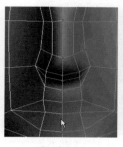  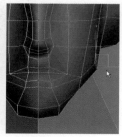

● 图2-60　　　　　　● 图2-61　　　　　　● 图2-62　　　　　　● 图2-63

　　注意观察模型，由于"Cut"工具操作的时候不可避免的会产生一些切割不准确的废点，所以发现的时候要及时处理。如图2-64所示，可以选择这个点用"Remove"命令移除。

　　在侧视图中调整鼻梁和鼻窝的结构，如图2-65所示。

　　在调节模型结构的时候要经常从仰视和俯视的角度进行观察，全面进行结构的调整，如图2-66所示在俯视视角观察的时候可以看出角色的面部比较扁平。

　　在仰视角度观察角色的眼睛，会发现眼睛是平的，这是因为在最开始切割的时候眼睛是在一个平面上切出来的，所以眼睛没有弧度，如图2-67所示。

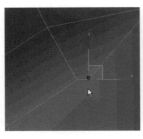

● 图2-64　　　　　● 图2-65　　　　　● 图2-66　　　　　　● 图2-67

　　调整眼睛中间的点向外略微突出，形成眼球的形状，如图2-68所示。

　　在俯视角度调整面部的点，使面部形状变得圆滑，如图2-69所示。

　　在俯视角度调整嘴部的点，要注意上唇的弧度要比下唇小，下唇更加圆润，调整之后如图2-70所示。

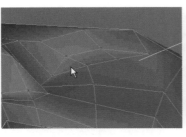

● 图2-68　　　　　　　　　● 图2-69　　　　　　　　　● 图2-70

　　在调节的时候要经常变换视角，从侧面、正面、仰视和俯视来进行观察。

　　修改下颚的布线，首先加线如图2-71所示。

　　继续加线、减线，调整后如图2-72所示。

　　在俯视角度调整鼻尖，使鼻尖不能过于尖锐，如图2-73所示。

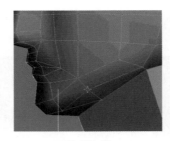

● 图2-71　　　　　　　　　● 图2-72　　　　　　　　　● 图2-73

　　◎　由于调整的时候有正面和侧面三视图参考，因此模型在正面和侧面容易调节准确，但必须要注意在User视图里将脸部、颧骨、眼睛、嘴唇模型调整圆滑。

2.1.1.5　制作头的顶角，完成头部制作

　　目的：现在已经基本完成了面部的结构，下面要制作头上角的部分。注意不要使用太多的面，并完善头部整体结构。

　　在侧面对头部上面做线的处理，如图2-74所示。

　　在正面调整新加入点的位置，如图2-75所示。

　　在正面对角部增加两条线，如图2-76所示。

　　在正面对角部增加一条线，移动新生成点的位置，如图2-77所示。

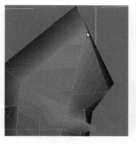
● 图2-74

● 图2-75

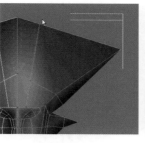
● 图2-76

● 图2-77

显示出参考三视图，按照参考图调整角部的形状，如图2-78所示。

在正面对角部增加一条线，移动新生成点的位置，如图2-79所示。

由于现在头上鹿角的部分线过少，所以还要继续加线处理，增加上面的细节。

在鹿角上环形纵向切割，如图2-80所示。

在额头部分做加线处理，如图2-81所示。

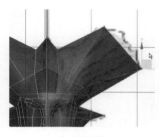
● 图2-78

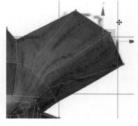
● 图2-79

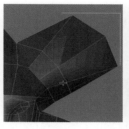
● 图2-80

● 图2-81

在眉心部分做加线处理，如图2-82所示。

从眉骨到额头做加线连接，如图2-83所示。

在额头侧面做加线处理，如图2-84所示。

俯视的角度观察，在角部边缘切割两条线段，这样可以形成角部的厚度，如图2-85所示。

● 图2-82

● 图2-83

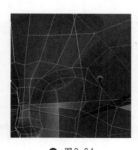
● 图2-84

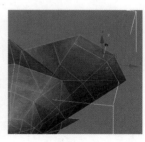
● 图2-85

移动新加入的两条边，做出角部的厚度，如图2-86所示。

仰视的角度观察，在角部下边的位置切割出三条边，如图2-87所示。

角的背面按照角的前面同样布线，做加线处理，如图2-88所示。

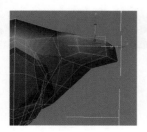
● 图2-86

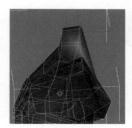
● 图2-87

● 图2-88

从不同的位置观察后脑点的位置,如图2-89、图2-90所示。

在做点位置的调整时,一定要不停地旋转模型的观察角度,找到不合理的地方,在最方便的角度调整,确保各个角度都有很好的效果。观察一下角部的背面,由于现在结构线不足要继续做线段增加,在角部背面加线,如图2-91所示。

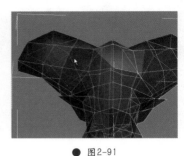

● 图2-89　　　　　　　● 图2-90　　　　　　　● 图2-91

操作的时候要经常在透明和实体模型之间进行转换,以最方便观察的方式进行操作,在角部的背面略微调整结构后横向加线并一直连接到角部的前面,如图2-92所示。

按"F3"键,使模型以线框方式显示,这也是我们在模型调节时非常常用的方式,在线框方式下调整角部下面的点,如图2-93所示。

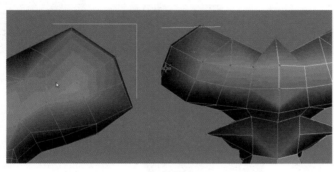

● 图2-92　　　　　　　　　　　　　● 图2-93

现在耳朵背面布线不足,需要进行加线处理,从腮部经过耳朵背面到头顶做加线连接,如图2-94所示。

在耳朵尖端加入一圈的线,如图2-95所示。

头部的制作已经完成,下一章节我们将进入身体部分的制作,如图2-96所示。

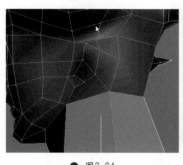
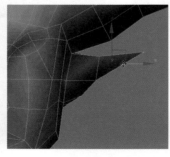
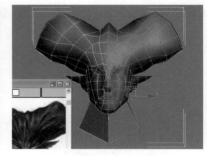

● 图2-94　　　　　　　● 图2-95　　　　　　　● 图2-96

◎ 角部布线要均匀,前面和后面的布线要一致,布线要比五官精简。

本节总结:本节进行了鹿角武士头部的制作。

①头部的布线很重要,特别要注意五官的布线结构。要注意面的节省,不能有太大的面

也不能有太小的面，讲究布线的均匀。

②不光要在前视图和侧视图里将模型调整准确，还要在User视图里将模型调整圆滑。

③在做低模制作的时候要遵循的原则是不能有超出四边的面，也就是说只能是三角面或者是四边面。如果有超出四边的面要用切割移除等操作修改成几个三角面或四边面。

④在建模操作的时候最多应用的就是"Cut"、"Remove"、"Extrude"和"Target Weld"这几个命令操作，事实上这几个命令可以解决80%甚至是全部的操作。这几个命令都可以在鼠标右键菜单中找到，要熟练掌握这几个命令。

⑤在用"Cut"工具进行加工的时候经常有粗线跳动的问题，这个问题是我们在进行模型制作的时候会经常遇到的，也是教学时学生经常会困惑的问题，其实解决的方法很简单：把视图切换到某一个正视图，比如前视图、右视图都可以，然后再旋转成User视图就可以正常操作了。

2.1.2 身体制作

本节概述：现在接着头部继续制作身体，首先从脖子开始，这个模型总体面数基本我们控制在2000到3000个三角面之内，按照这样的面数要求脖子半圈的面数在5个或6个左右，身体半圈的面数在6至8个之间。随着大家模型制作经验的增加在细节面数的控制上会逐渐熟练，多研究别人的作品是一个很好的办法。

技术重点：本节增加了"Connect"命令的使用，这是一个建模时经常需要使用的命令。注意使用合理的布线表现出胸腹部结构。

2.1.2.1 修正脖子布线

目的：按照低模规则调整脖子布线结构，为身体制作做准备。

在这里我们把脖子的面数控制在5个面，现在只有3个面，所以要进行加线的处理。从下颚和耳朵下面分别进行切线处理，使脖子半圈形成5个面的结构，如图2-97所示。

现在要做的工作是让这5个面大小尽量均匀一致，这也是初学的朋友经常会犯的错误，就是面的大小差距过大，造成模型不同角度看起来圆润程度有差异。在仰视的视角观察会很方便，调节后如图2-98所示。

现在要在脖子上面加一圈线，选择线，右键点击选择"Connect（连接）"命令做加线连接处理，如图2-99所示。

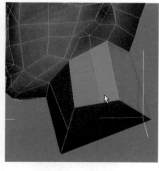

● 图2-97

● 图2-98

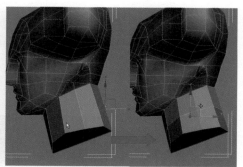

● 图2-99

◎ 脖子半圈制作出5个均匀的面，脖子上的加线处理是为了以后调整动作时脖子减小拉伸。

2.1.2.2 制作出身体

目的：从脖子根挤出身体，根据脖子的布线调整身体布线，但不制作肩膀。

显示出背景三视图，将视图切换到右视图，参照着背景图调整脖子上面点的位置，如图2-100所示。
选择脖子下端的面进行挤出操作，挤出幅度不用过大，如图2-101所示。
在User视图里删除挤出后内部生成的面，这个面是不需要的，如图2-102所示。

 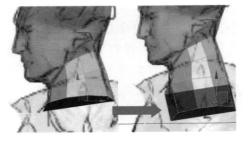 

● 图2-100　　　　　　● 图2-101　　　　　　● 图2-102

切换视图到前视图，将身体拉长至正常的长度，如图2-103所示。
选择身体上面的一圈线，利用"Connect"命令做加线处理。这次不是只加一圈线所以要点击"Connect"旁边的小按钮，打开【Connect Edges】的参数调节框，如图2-104所示调整参数，点击 OK ，给身体加入6圈线。
进入点模式按照背景参考图，调整身体形状的点的位置，要注意尽量让点的分布均匀，如图2-105所示。
进入右视图调整胸部和背部的点位置，如图2-106所示。

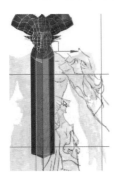 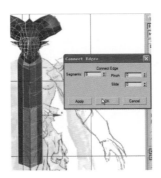  

● 图2-103　　　　　　● 图2-104　　　　　　● 图2-105　　　　　　● 图2-106

调整腰部和臀部点的位置，如图2-107所示。
目前只是整体大概的调节，稍后还要做更加细致的调节及加线的操作。
现在胸部厚实的结构表现的不理想，所以要在胸部加一圈线来表现胸部的厚度，如图2-108所示。
调整胸部的结构，如图2-109所示。
在胸部下面再加一圈线来表现肋骨的突出，如图2-110所示。

 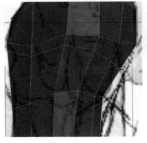  

● 图2-107　　　　　　● 图2-108　　　　　　● 图2-109　　　　　　● 图2-110

在侧面修改人体胸腹结构的时候要注意胸部、肋骨的突出,上腹部的略微凹陷和小腹的略微突起,这几个要点的控制对模型的结构作用很大。调整后的侧面身体结构如图2-111所示。

隐藏参考的三视图,把模型旋转到俯视的角度,可以观察出来角色的身体侧面过于扁平,没有正确的弧度,这种结果产生的原因一个是现在身体上的面数不够,另一个是刚才的调节只是在前视图和右视图中,还应该到立体视图中调节,如图2-112所示。

从脖子侧面的点向下切线连接到身体下端来增加身体的面数,现在身体半圈有6个面,正好是前面3个面后面3个面,如图2-113所示。

从俯视角度调节身体前面结构,使胸腹部圆润,如图2-114所示。

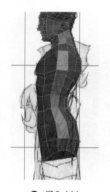
● 图2-111

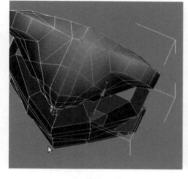
● 图2-112

● 图2-113

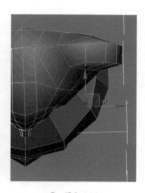
● 图2-114

从俯视角度调节身体后面结构,使肩背部圆润,如图2-115所示。

从仰视的角度调节,使身体圆润,如图2-116所示。

身体调整好的结果如图2-117所示。

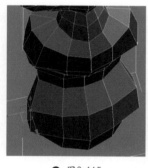
● 图2-115

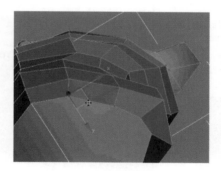
● 图2-116

● 图2-117

◎ 身体半圈的面一般在6个或者8个,按照本模型的精度身体半圈的面应该控制在8个。

本节总结:调整身体圆润的过程要反复旋转观察调节,需要比较大的耐心,初学的朋友可以多花些时间来练习。调节身体的时候要注意角色的姿势,无论是男性角色还是女性角色,腰部应该向前挺起一些,看起来比较有气势,如果做成弯腰驼背看起来会毫无生气。

身前最突出的点在胸部上,身后最突出的点是肩胛骨的位置,而中间的脊椎骨部分是略微向内凹陷的,这也是我们在调节身体时要特别注意的地方。

2.1.3 胳膊制作

本节概述:胳膊制作包括肩膀、大臂和小臂,制作顺序要先挤出肩膀再挤出大臂和小臂。肩膀由于很厚实,需要较多布线。大臂、小臂一圈的面通常为6个或8个(主流网络游戏),要求低可为4个面(某些即时战略游戏),要求高可达到10个面(次世代游戏)。

2.1.3.1 制作肩膀

目的：从身体上挤出肩膀。

对于一个2000~3000面的低模，身体半圈的面一般是6个，胳膊和腿一圈的面一般也是6个，当然一些造型特殊的角色会有差异，这个要根据具体情况具体分析。鹿角武士的模型是按照这个常用规范来制作。

在身体侧面选择将要挤出肩膀的两个面，如图2-118所示。

挤出后，在前视图调节完成的效果如图2-119所示。

现在肩膀上的布线还不足以满足我们的要求，继续进行加线处理。从胸部前面的点开始穿过肩膀连接到身体的背面，如图2-120所示。

● 图2-118　　　　　　　● 图2-119　　　　　　　● 图2-120

继续对肩膀做加线处理，在纵向上对肩膀加一圈线，如图2-121所示。

在俯视的位置调节肩膀，使肩膀更加圆润。特别要注意肩膀和胸肌连接的部位要略微凹陷，突出和过分凹陷都是不正确的，如图2-122所示。

我们要对胳膊进行挤出操作，刚刚我们提到过胳膊一圈有6个面，所以要求挤出前的面是一个六边面，这就要先对挤出前的面先进行加线修改，如图2-123所示。

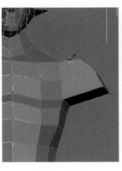 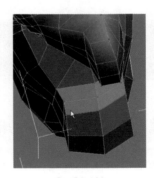 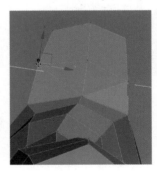

● 图2-121　　　　　　　● 图2-122　　　　　　　● 图2-123

◎ 肩膀比较宽大，需要略多的面来表现肩膀的圆润结构。

2.1.3.2 制作胳膊

目的：从肩膀下端挤出大臂和小臂。

选择这个六边面，如图2-124所示。　进行挤出操作，挤出的幅度不用过大，如图2-125所示。

在前视图显示出参考三视图，按照参考图调整胳膊长度，将手腕部位缩小，如图2-126所示。

调整肩膀形态，显示出三角肌的饱满，如图2-127所示。

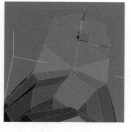

● 图2-124

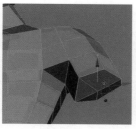

● 图2-125

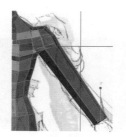

● 图2-126

● 图2-127

在胳膊上加一圈线，并且把这圈线调整到胳膊肘的位置，如图2-128所示。

在小臂上面用"Connect"命令加2圈线，使其和刚才的一圈线距离相等，具体参数和效果如图2-129所示。

按照背景参考图调整小臂的肌肉形态，如图2-130所示。

在身体侧面参考三视图调整手腕部分的点，使胳膊自然地向前弯曲，如图2-131所示。

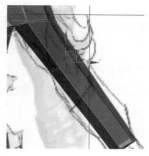

● 图2-128

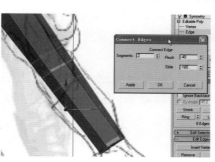

● 图2-129

● 图2-130

● 图2-131

胳膊肘的部分结构是比较特殊的，初学的朋友可能会认为胳膊肘一圈的线会比较细，但其实这圈的线应该是胳膊上最粗的部分，因为这里有小臂饱满的肌肉。选择胳膊肘后方的点向后拉出，形成胳膊肘的形状，如图2-132所示。

调整胳膊和肩膀后方的布线，使之合理均匀，如图2-133所示。

在大臂和小臂上分别加一圈线，如图2-134所示。

将大臂上新加入的线放大，小臂上新加入的线缩小，如图2-135所示。

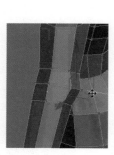

● 图2-132

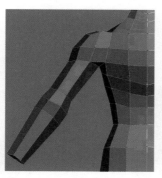

● 图2-133

● 图2-134

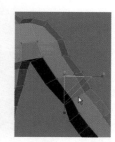

● 图2-135

在前视图里按照小臂的结构做细致地调节，调节后的效果如图2-136所示。

腋下的身体部分有一块较大的肌肉叫背阔肌，调整这里点的位置，使背阔肌的结构明显，如图2-137所示。

在做模型的时候要尽量考虑动作调节的方便，考虑周全做出的模型才是出色的。肩膀的运动范围往往比较大，所以在做动作的时候腋下往往会有比较大的拉伸，解决的办法就是让腋下的布线合理并且适当增加线的密度，在腋下的前后方分别切出新线，如图2-138、图2-139所示。

完成身体和上肢的制作，本章完成如图2-140所示。

 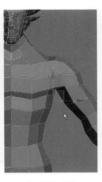   

● 图2-136   ● 图2-137   ● 图2-138   ● 图2-139   ● 图2-140

◎ 胳膊关节的结构表现很重要。关节部分是在前面看起来胳膊最粗的部分，关节部分在侧面看起来较细，注意这样的结构特点；大臂要表现出饱满而圆润的肌肉。小臂的肌肉结构比较特殊，因为小臂内侧的肌肉短粗，而外侧的肌肉细而长，就形成了小臂内侧饱满且起伏较大，而外侧形状均匀且平滑。

本节总结：胳膊的制作分成两步，先挤出肩膀，再从肩膀上挤出大臂和小臂。注意胳膊粗细变化：肩膀比大臂略粗，大臂比小臂略粗。在腋下的部分要适当增加面数，以避免调整动作的时候有过大拉伸。

2.1.4 手部的制作

本节概述：手部的制作比较重要，身体模型上的一个难点，现在游戏制作通常把五根手指都制作出来。手部制作出的形态要符合手在放松状态下的姿势：拇指和食指所在的平面和手背平面有大约45°夹角，五指微曲。

2.1.4.1 手掌制作

现在要从手腕的顶端挤出手部，要了解手腕部分的特殊性。手腕部分的横截面并不是像大臂和小臂一样的圆形，而是椭圆形，所以在挤出之前要调整挤出的平面为椭圆形，如图2-141所示。

选择要挤出的平面，挤出，如图2-142所示。

在手腕部分用"Connect Edges"命令增加一圈线，使手腕部分有两圈线，手腕部分往往活动范围也比较大，这样即可以使手腕部分形态更完美也可以在做动作调节的时候动作更自然。参数及效果参考如图2-143所示。

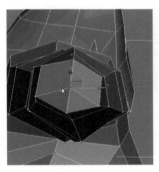 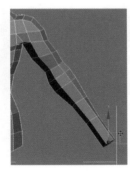 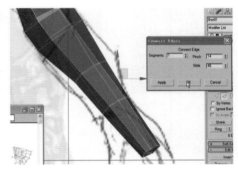

● 图2-141   ● 图2-142   ● 图2-143

调节腕部的结构，注意手腕部分有一个明显的坡度，要加以表现，如图2-144所示。

选择手掌部分的点，在侧面用放缩工具沿着y轴向放大，形成手掌的宽度，如图2-145所示。

调整掌心的点，形成掌心内凹的结构，如图2-146所示。

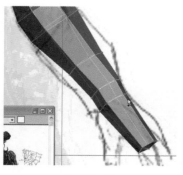

● 图2-144

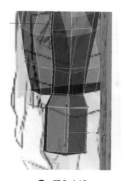

● 图2-145

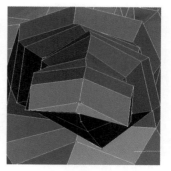

● 图2-146

2.1.4.2 食指、中指、无名指和小指的制作

目的：在手掌尖端挤出食指、中指、无名指和小指。

手指在制作的时候一般做成一圈4个面，一般我们能想到的办法是按照平均切分的方法切出4个面然后挤出操作，如图2-147所示。

这的确是一种方法，但并不是最符合手指解剖结构的方式，这里我们采用一种更理想的制作方法，切割后效果如图2-148所示。

经过"Target Weld"也就是目标焊接修饰之后效果如图2-149所示。

调整好每根手指根部的形态，不但每个面要平整均匀，而且要保证手指由粗到细按照中指、食指、无名指、小指的顺序，然后选择挤出的指根面，如图2-150所示。

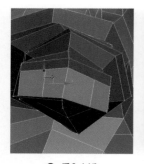

● 图2-147

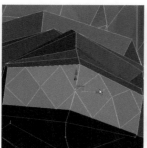

● 图2-148

● 图2-149

● 图2-150

使用"Exturde"工具挤出后效果如图2-151所示。

指根指尖的粗细程度是不一样的，缩小每根手指的指尖，如图2-152所示。

调整指头的长度，从长到短按照中指、食指、无名指、小指的顺序调节，如图2-153所示。

要注意手掌和手指的比例关系，比较美观的比例是手指比手掌略长，调整后如图2-154所示。

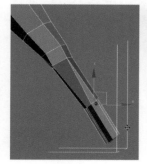

● 图2-151

● 图2-152

● 图2-153

● 图2-154

用"Connect Edges"命令增加每根手指的分段，形成手指的三根指骨，调节"Connect Edges"命令的Pinch和Slide参数使三根指骨的长度从指根到指尖逐渐变短，效果和参数如图2-155所示。

在手背做加线处理，去除手背上的两个五边面，如图2-156所示。

使用目标焊接工具修整之后如图2-157所示。

调整手指的弯度如图2-158所示。

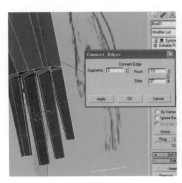   

● 图2-155　　　　　● 图2-156　　　　　● 图2-157　　　　　● 图2-158

◎　手指的制作方法比较灵活，可以根据不同游戏不同面数的要求使用不同的方法。比如可以把这四指做在一起形成手掌的形状，来节省面数。或者单独做出食指，把中指和无名指做在一起，小指单独做等。这个例子中我们把食指、中指、无名指和小指单独分别制作出来。

2.1.4.3 拇指的制作

目的：在手掌侧面制作出拇指。

在掌根部位切出两条线，如图2-159所示。

移动新生成的点，形成拇指根部的形状，如图2-160所示。

在拇指根部再切出两条线，如图2-161所示。

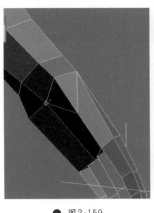  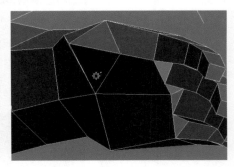

● 图2-159　　　　　　● 图2-160　　　　　　● 图2-161

在手掌中间加一圈线，调整之后如图2-162所示。

拇指根部有饱满的肌肉，但现在由于布线不足，要做加线处理。调到仰视的角度，在拇指根部做加线，如图2-163所示。

选择拇指根部将要挤出拇指的面，如图2-164所示。

● 图2-162

● 图2-163

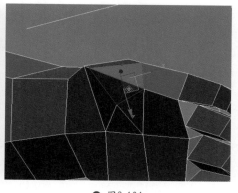
● 图2-164

挤出后效果如图2-165所示。

现在来调节拇指的长度和形态。拇指在和食指并拢的时候,拇指指尖正好在食指第一根指骨的关节部位,调节长短和形态之后如图2-166所示。

再给拇指加入分段形成指骨,要注意的是拇指根部的指骨隐藏在手掌里,所以露出的指骨只有两节,这是和其他四指不同的地方,如图2-167所示。

继续做一些局部的微调,完成后的手部模型如图2-168所示。

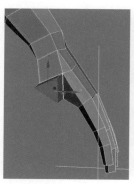
● 图2-165

● 图2-166

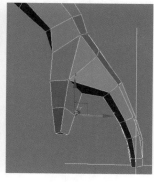
● 图2-167

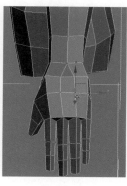
● 图2-168

◎ 手在自然的形态下拇指和食指、中指等四指形成的平面大约有45°的夹角,所以进行拇指制作的时候要把这个特点考虑在内。

2.1.5 腿部的制作

本节概述:本节进行腿部的制作,并修整臀部形状;腿部的布线要和身体、胳膊相一致;膝盖没有肌肉比较细,同时注意小腿结构和小臂的相似性。

2.1.5.1 制作大腿并修正臀部结构

现在可以开始腿部的制作了,腿部的制作步骤和方法与胳膊有很多共同点,过程是大同小异的。

根据整个模型的精度,腿部的面数也应该在一圈6个左右,所以腿根部就应该有一个六边面。从仰视的角度观察,在腿根部位用"Cut"工具切割形成一个六边面,如图2-169所示。

调整六边面的形状,使各边长度比较均匀,如图2-170所示。

选择六边面,挤出,如图2-171所示。

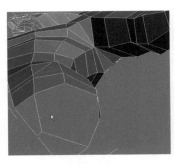
● 图2-169

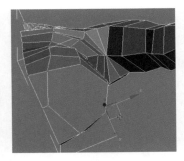
● 图2-170

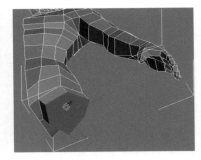
● 图2-171

将腿部拉长到正确的长度,如图2-172所示。

在腿根部位加入一圈线,使大腿在弯曲的时候能产生正确的效果,不致产生严重的拉伸和穿插。用"Connect Edges"命令在腿根位置加入一圈线,效果及参数如图2-173所示。

现在需要调整臀部及大腿根部的结构。由于手臂和手掌会在一些角度产生视线的阻碍,所以我们可以把手臂隐藏来方便操作。在面模式下,选择手臂需要隐藏的面,如图2-174所示。

在面板里找到隐藏选择的命令,如图2-175所示。

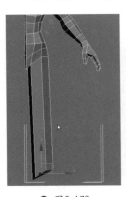
● 图2-172

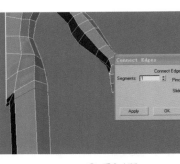
● 图2-173

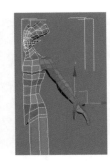
● 图2-174

● 图2-175

隐藏了手臂之后的模型在对身体调节的时候会方便很多,在右视图里调整臀部的结构,使臀部圆润,对点进行调整使臀部布线均匀,如图2-176所示。

在一些必要的部位再加入一点布线,比如在臀部下方,如图2-177所示。

现在腿部内侧的面密度比外面的要低,所以看起来腿的内侧还不够圆滑,可以通过加线的处理增加内侧的面数。在进行模型制作的时候可以针对模型的特点做出调整,比如大腿由于比较粗大可以适当增加一圈的面数,比如说为一圈七个面,而小腿由于比较细可以设为一圈六个面。现在在身体前面从腰部下端开始,一直切线连接到脚腕,如图2-178所示。

● 图2-176

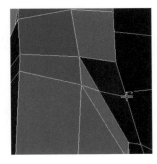
● 图2-177

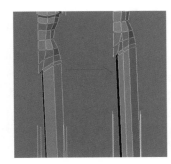
● 图2-178

调整下腿部的结构,使布线均匀,如图2-179所示。

打开背景参考图,使模型以半透明方式显示,如图2-180所示。

将腿部末端的点通过旋转、移动等基本功能调节到同一个水平面上，这样做的目的是形成脚底的平面。调节后效果如图2-181所示。

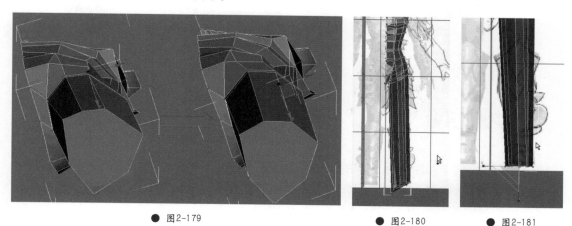

● 图2-179　　　　　　　● 图2-180　　　● 图2-181

◎ 人体运动幅度最大的地方是四肢，所以在做动作的时候，肩膀和腿根的位置比较容易发生拉伸，在四肢的关节处也就是胳膊肘和膝盖位置也容易发生拉伸，解决的办法就是合理布线和在适当的地方增加面数，比如腿根部位。

2.1.5.2 制作膝盖

选择腿部的线用"Connect"命令做加线处理，分段设为3，设置参数使加的三圈线集中在膝盖的位置，参数及效果如图2-182所示。

参考背景图，调整膝盖位置新加入的点，效果如图2-183所示。

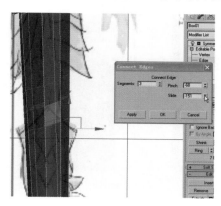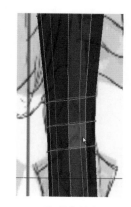

● 图2-182　　　　　　　　　● 图2-183

现在分析一下膝盖的结构。膝盖上由于缺少肌肉所以形态上比周围的结构要窄，这点和胳膊肘是正相反的，希望大家制作的时候要注意。膝盖从前面观察内侧略为外突，内侧略为内收，调节后效果如图2-184所示。

对腿部进行加线处理。在大腿部分加一圈线，在小腿部分加三圈线。这是因为小腿上肌肉的隆起和收缩非常明显，需要更多的结构线加以表现，如图2-185所示。

用放缩工具加粗大腿，调整后如图2-186所示。

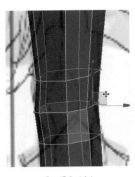

● 图2-184

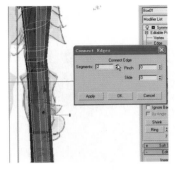

● 图2-185

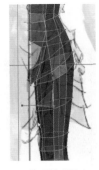

● 图2-186

◎ 腿部的制作和胳膊是一样的。大家回想一下我们做胳膊的时候最先做的是胳膊的关节也就是胳膊肘,对于腿部的制作也是一样,同样要先制作关节,也就是膝盖,这也就是前面所说的腿部的制作方式和胳膊类似的一个原因。

2.1.5.3 调整小腿

小腿部分粗细调整后如图2-187所示。

对小腿内外侧点进行微调之后效果如图2-188所示。

腿部的正面已经调整好了,现在切换到右视图里,如图2-189所示。

半透明显示身体,参照背景三视图调整大腿和膝盖的结构如图2-190所示。

参照三视图调整小腿的结构,调整时要注意小腿肌肉主要集中在后侧,前侧只是略微凸起,调整后如图2-191所示。

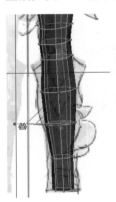

● 图2-187

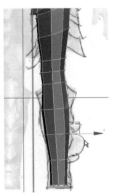

● 图2-188

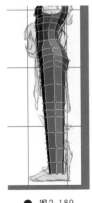

● 图2-189

● 图2-190

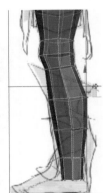

● 图2-191

◎ 小腿上部分的肌肉饱满,下端肌肉大多转换为肌腱所以小腿下部分较细,这点和小臂很相似;小腿另一个和小臂很相似的地方是内侧和外侧肌肉形态的不同,小腿内侧肌肉的起伏较大,而外侧肌肉匀长。

2.1.6 脚部建模

在腿部末端按照脚的高度挤出,如图2-192所示。

选择脚前侧的面挤出,形成脚掌的结构,如图2-193所示。

在侧面调整脚部的形状,如图2-194所示。

调整脚面的宽度,如图2-195所示。

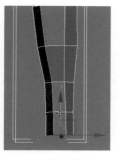

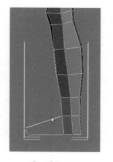

● 图2-192　　　　　● 图2-193　　　　　● 图2-194　　　　　● 图2-195

　　给脚面加一圈的线,并调整出脚面的形状。在做角色的时候通常角色都会有鞋穿,所以一般没必要把脚趾都做出来,只要把脚掌做出来,在人物走路的时候能体现出脚掌的蹬地动作就可以了,如图2-196所示。

　　从俯视的角度调整脚面的形状,形成脚掌的宽度,如图2-197所示。

　　不要忘了脚底的面,脚底很可能产生超过四个边的面,修改后效果如图2-198所示。

　　现在基本完成了人体的制作,如图2-199所示。

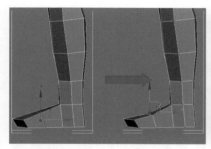

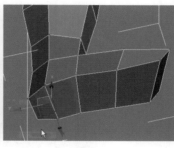

● 图2-196　　　　　● 图2-197　　　　　　● 图2-198　　　　　● 图2-199

　◎　脚部不需要过多的面,一般不制作出脚趾,但要做出脚掌,使角色在走路时脚部能够弯曲。

2.1.7　设置光滑组

　　按键盘的"Shift+Q"键,渲染模型,可以看到除了头部比较光滑,身体大部分的面与面之间过渡很生硬,这是因为没有给身体加一个统一的光滑组的原因。选择身体所有的面,然后在面板里指定任意一个光滑组,比如选择1,如图2-200所示。

　　再次渲染会发现模型已经非常的光滑,如图2-201所示。

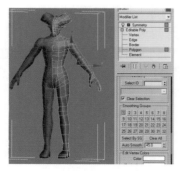

● 图2-200　　　　　　　　　　　　● 图2-201

　◎　角色模型完成之后通常都要做统一的光滑组设置。

2.2 鹿角武士身体UV展开

本节概述：在鹿角武士模型制作完之后要进入UV的展开。展UV的目的是为了画贴图，UV展开的好坏直接影响到贴图绘制时的效率和质量，因此展UV是不能忽略和马虎的一个环节。展UV的过程是比较枯燥的，因为这个过程不像建模和绘制贴图可以直观地看到效果，但作为很重要的一环，每个建模师都必须要熟练掌握展UV的命令和一些技巧。本章就通过鹿角武士UV展开的过程来学习一下怎么用最快捷有效的方式来展开人物的UV，以及一些小技巧的应用。

2.2.1 添加UV展开修改器 (Unwrap UVW)

目的：使用正确方式给模型添加Unwrap UVW命令。

给模型添加"Unwrap UVW"修改命令，要注意放置的位置，一定要放置在"Symmetry"的下面，如图2-202所示。

点击"Unwrap UVW"修改器的"Edit"按钮，如图2-203所示。

弹出"Edit Uvws"也就是UV修改器窗口，我们展UV的操作绝大部分都是在这个窗口里进行的，可以看到当前的UV是非常杂乱无章的，如图2-204所示。

当前的"UV"修改器窗口有很多棋盘格的显示，可以先暂时关掉棋盘格的显示，看起来会更加舒服，方便调节，如图2-205所示。

 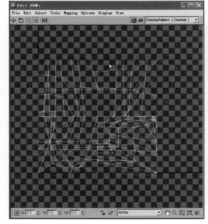 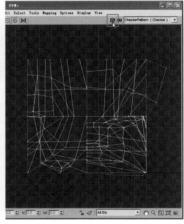

● 图2-202　　● 图2-203　　　　　● 图2-204　　　　　　● 图2-205

◎ 首先我们就遇到了一个问题："Unwrap UVW"修改命令是加在堆栈中"Symmetry"的上边还是下边呢？这是一个需要仔细考虑的问题，因为如果加在"Symmetry"上边，展开的时候因为模型已经进行了镜像，所以要展开两边，而加在"Symmetry"下边只展开一边就可以，另一边会通过"Symmetry"镜像得到。同时要注意一个问题，在加入"Unwrap UVW"命令的时候不能处于模型"Editable Poly"的"Polygon"或者"Flement"模式，不然加入的"Unwrap UVW"命令在编辑UV的时候不会显示全部UV线。

2.2.2 头部UV展开

目的：通过头部展开熟悉低模模型的展开方式，掌握"UV"修改器的常用命令："Quick Planar Map(快速平面展开)"、"Target Weld(目标焊接)"、"Relax (放松)"。
由于头部的结构非常复杂，所以没有办法一次性展开，基本的思路是分成三次，分别从正面、侧面和背面展开，然后正面和侧面合成在一起，背面单独放置。

首先在"Unwrap UVW"的面模式下先选择头部正面的UV,包括眼睛、鼻子、嘴等,注意不要选择脸部侧面的面,如图2-206所示。

在"Unwrap UVW"面板里找到"Quick Planar Map(快速平面展开)"命令,选择z轴向,点击"Quick Planar Map"按钮,在"UV"修改器窗口中可以看到展开的结果,如图2-207所示。

在"Unwrap UVW"的面模式下先选择头部侧面的UV,但要注意不要选择耳朵,因为角色的耳朵比较大需要单独展开。选择x轴向,点击"Quick Planar Map"按钮,在"UV"修改器窗口中可以看到展开的结果,如图2-208所示。

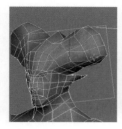 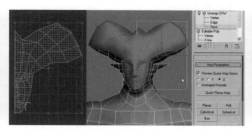 

● 图2-206　　　　　● 图2-207　　　　　● 图2-208

将头部侧面刚展的UV经过放缩和旋转得到更加理想的效果,并放在已经展好的UV旁边,如图2-209所示。

现在需要把已经展好的两块UV合并在一起。进入"Unwrap UVW"的点模式,选择边缘上的一个点,会发现在另外一块UV上有一个点呈现蓝色,如图2-210所示。

这说明在模型上这两个点应该是一个点,下面的工作就是将两点焊接到一起。先将需要焊接的点调整到一起,如图2-211所示。

● 图2-209　　　　　● 图2-210　　　　　● 图2-211

点击鼠标右键,使用"Target Weld(目标焊接)"命令,如图2-212所示分别将需要焊接在一起的点焊接在一起。

最后效果如图2-213所示。

展开头部背面的面,在"Unwrap UVW"的面模式下先选择头部后面的UV。在z轴,使用"Quick Planar Map"方式展开,效果如图2-214所示。

● 图2-212　　　　　● 图2-213　　　　　● 图2-214

放大头部背面的面，发现有些UV之间交叠在一起，如图2-215所示。

这是有问题的，在一些结构比较复杂的地方很容易产生这样的错误，需要手动的调节点，使交叠在一起的UV分开，调节后如图2-216所示。

选择耳朵前面的面，应用"Quick Planar Map"方式展开，如图2-217所示。

● 图2-215　　　　● 图2-216　　　　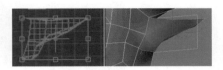

● 图2-217

整理耳朵的UV，把交叠在一起的点调节出来，如图2-218所示。

头部的UV已经展好了，那么展得是否合格呢？可以通过指定模型棋盘格的方式来检查。在"UV"修改器窗口右上方的下拉菜单当中选择"CheckerPattern（Checker）"显示棋盘格选项，如图2-219所示。

● 图2-218

● 图2-219

模型上已经有了棋盘格的显示，可以看出棋盘格的大小是不一致的，这说明UV仍然有拉伸，需要调整尽量使棋盘格的大小均匀并呈正方形的形状，如图2-220所示，可以明显看出拉伸和挤压的地方，这些都是需要进一步调节的。

对照着模型上棋盘格的显示调节鼻尖附近的UV，修改如图2-221所示。

● 图2-220

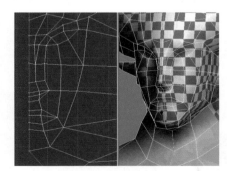

● 图2-221

选择腮部和下颚的点，如图2-222所示，这部分UV的拉伸是较为严重的。如果手动调节即费功又费时，我们可以采用一个很好用的放松命令来让程序自动调整。点击鼠标右键选择"Relax"放松命令，打开参数调节面板，把"Iterations"参数调节到30左右，这样放松的时候不会太剧烈。点击几次"Apply"，可以看到这部分的UV拉伸已经有了明显的改善，如图2-223所示。可以看到脸部侧面的面拉伸已经解决的比较好了。

每种方法都有局限性，针对下颚部分的拉伸，还需要手动调节，如图2-224所示。

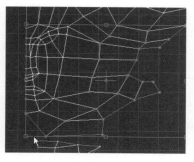

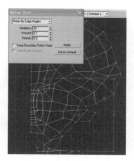

● 图2-222　　　　　　　　　　　● 图2-223　　　　　　　　　　　● 图2-224

◎　我们在模型制作完成之后都要展UV。优秀的UV必须具备两点：一个是UV没有过大的拉伸，另一个是UV接缝处的安排合理。从理论上来说如果把UV拆开的足够多，可以几乎避免所有的拉伸，但在实际的展UV过程中往往过多的拆分会导致过多的接缝，所以怎么在尽量减少拉伸的情况下也避免拆分过多，如何求得二者之间的平衡，是展UV时需要仔细思考的。展UV的时候要经常在模型上显示出棋盘格，对照着棋盘格调整UV。

2.2.3 展开身体UV

目的：掌握身体UV的展开方式，继续熟悉常用命令。

选择身体正面的面，注意不要选择肩膀和手臂的面，因为肩膀和手臂是要单独展在一起的。选择z轴向，使用"Quick Planar Map"方式展开，如图2-225所示。

选择身体背面的面、z轴向，使用"Quick Planar Map"方式展开，如图2-226所示。

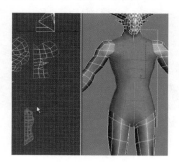

● 图2-225　　　　　　　　　　　　　　　　● 图2-226

把已经展开的身体前后部分合并在一起，如图2-227所示。

在点模式里利用目标焊接工具把身体两部分焊接到一起，如图2-228所示。

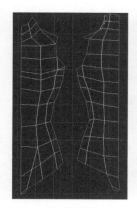

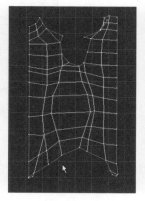

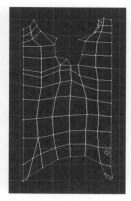

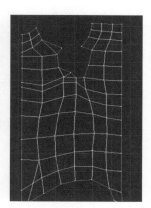

● 图2-227　　　　　● 图2-228　　　　　● 图2-229　　　　　● 图2-230

在焊接到一起后仍然需要UV的调节，因为我们可以通过观察发现，身体合并后在侧面的UV拉伸是比较严重的。选择身体侧面的点后仍然使用"Relax（放松）"命令，调整几次后得到比较好的效果，如图2-229所示。

调整脖子上面交叠的点，完成身体UV的展开，如图2-230所示。

◎ 以笔者的经验，脖子和身体一起展开是比较好的方法。如果把脖子和头部展在一起，那么脖子和身体的接缝会在锁骨周围，而锁骨的结构比较复杂，这里设置接缝会对绘制贴图有很大的影响。而把脖子和身体展在一起，会在下颌产生接缝，这里是接缝比较理想地放置位置，因为这里没有复杂的结构。

2.2.4 展开手臂UV

目的：胳膊和手掌需要使用不同的方式展开，使用Pelt这种很优秀的方式展开胳膊UV。

调整一下显示状态，在显示选项中去掉"Show Map Seam"的勾选，可以看到模型上面绿色的接缝线已经消失，如图2-231所示。

选择"Point to Point Seam"工具，在身体和胳膊交接的线上选择任意一个点，沿着交接线切割一圈。再回到起始点，如图2-232所示。

使用同样的方法处理手腕的部分，因为胳膊和手是分别展开的，如图2-233所示。

我们已经把胳膊、身体和手进行了分割，现在的胳膊就像是一个圆筒。在胳膊内侧设置接缝，如图2-234所示。

 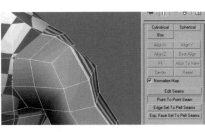 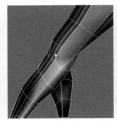 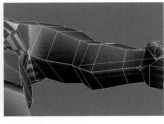

● 图2-231　　　　　● 图2-232　　　　　● 图2-233　　　　　● 图2-234

选择手臂上的任意一个面，点击"Exp.Face Sel to Pelt Seams"按钮就可以选中整条手臂上的面，如图2-235所示。

点击"Pelt"按钮，如图2-236所示，会发现在面板最下面多出了一个"Edit Pelt Map"就是编辑"Pelt"贴图的按钮，点击会弹出一个展开面板，如图2-237所示。

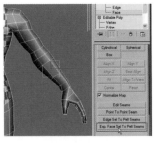  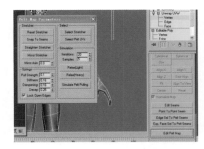

● 图2-235　　　　　● 图2-236　　　　　● 图2-237

点击几次"Simulate Pelt Pulling"按钮进行结算，快速地得到了优秀的展开效果，如图2-238所示。

关掉"Pelt"按钮，通过旋转工具把倾斜的胳膊UV调整正确，如图2-239所示。

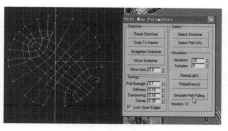

● 图2-238　　　　　　　　　　　　　● 图2-239

现在来进行手部的展开。先分别展开手背和手心的面，然后再合并在一起，这和身体的展开步骤很类似。选择手背的面，使用"Quick Planar Map"方式展开，如图2-240所示。

用同样的方法展开手心的面，如图2-241所示。

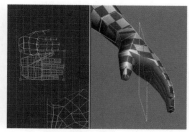

● 图2-240　　　　　　　　　　　　　● 图2-241

调整手心和手背UV交叠的部分，然后把两部分按照小指相对的方向放置在一起，如图2-242所示。

焊接手心和手背相接的点，完成手的UV展开，如图2-243所示。

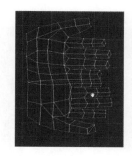

● 图2-242　　　　　　　　　　　　　● 图2-243

◎　展开胳膊时接缝的位置很重要，正确的方法是设置在胳膊的内侧。因为胳膊内侧不但细节较少，而且不容易暴露。"Pelt"是在Max8以后新增加的一种很优秀的UV展开方式，对于胳膊和腿部这样桶装的结构，使用"Pelt"展开是非常准确快速的。但"Pelt"展开方式不是万能的，如果接缝处理不当，展开后UV拉伸会比较严重。

2.2.5　展开腿部UV

目的：腿部的展开方式和手臂几乎完全一致，继续熟悉"Pelt"展开功能。

展开腿部的时候仍然是采用"Pelt"的方式。先在大腿和身体交界的部分切割交界线，如图2-244所示。

在脚踝的部分切割腿和脚的交界线，如图2-245所示。

和手臂一样，在腿的内侧设置接缝，如图2-246所示。

选择腿部的面，使用"Pelt"展开方式展开，具体过程就不赘述了，因为和胳膊的完全一样的，可以参照胳膊的UV展开，展开结果如图2-247所示。

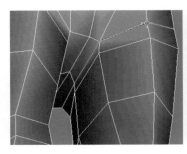

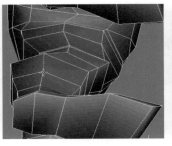

● 图2-244　　　　　　● 图2-245　　　　　　● 图2-246　　　　　　● 图2-247

现在对脚部进行展开。选择鞋底的面，使用"Quick Planar Map"方式展开，如图2-248所示。

选择脚的外侧面，应用"Quick Planar Map"方式展开，如图2-249所示。

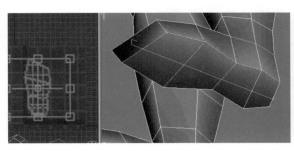
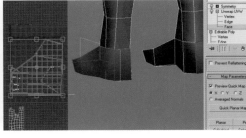

● 图2-248　　　　　　　　　　　　　　　　● 图2-249

选择脚的内侧面，应用"Quick Planar Map"方式展开，如图2-250所示。

脚的背面使用"Quick Planar Map"方式展开，如图2-251所示。

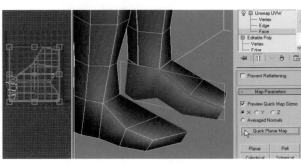
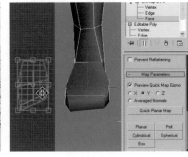

● 图2-250　　　　　　　　　　　　　　　　● 图2-251

分别把展开的脚内侧面和外侧面放在脚背的旁边，和脚背焊接在一起，完成脚部的UV展开，如图2-252所示。

使身体显示出棋盘格，如图2-253所示。

可以看出各个部分的棋盘格大小是不统一的，比如身体的棋盘格明显偏大，腿部的格明显偏小。下面要通过放缩工具处理各个部分使各个UV之间比例正确，保证在绘制贴图的时候各个部分的贴图精度一致，如图2-254所示。

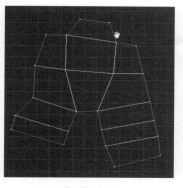
● 图2-252

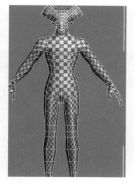
● 图2-253

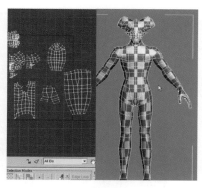
● 图2-254

◎ 调整的时候可以先确定一个部分为标准，其他的按照这个标准来调整。头部的五官需要很细致地表现，所以往往使用的贴图比例较大，从棋盘格上体现应该比身体其他部分要小。腿部由于细节较少，可以适当缩小UV比例。

2.3 鹿角武士盔甲建模

本节概述：盔甲模型一般都是由身体模型修改而成，建模时要特别注意避免和身体的穿插，避免镂空处的错误。鹿角武士盔甲的结构和特点：对照一下肩甲和腰围上的围甲，可以发现都是造型一致的象面造型，所以只需要制作一个然后复制就可以了；大腿上的甲胄形状比较复杂，所以需要耗费较多的面来制作。小腿甲制作时候要考虑内外的不对称性。

2.3.1 象面甲建模

目的：盔甲建模时要经常接触到兽面甲的制作，通过象面甲的制作掌握兽面甲的制作规律。

把模型以半透明方式显示，打开三视图参考，切换到前视图，在模型前面创建一个"Plane"物体，分段数设置为3×3，如图2-255所示。

将刚创建的"Plane"物体转化为"Poly"，如图2-256所示。

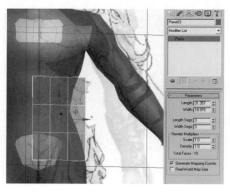
● 图2-255

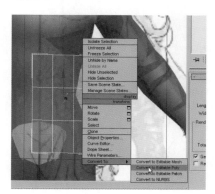
● 图2-256

给"Plane"物体加入一个"Symmetry"镜像命令，如图2-257所示。

可以看到现在"Symmetry"的镜像中心是"Plane"的物体中心，而我们需要这个镜像中心在身体的中间位置。打开"Symmetry"的"Mirror"子选项，把"Mirror"平面向左移动到身体的中间位置，如图2-258所示。

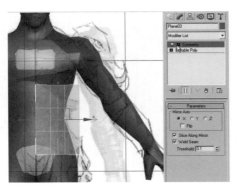

● 图2-257

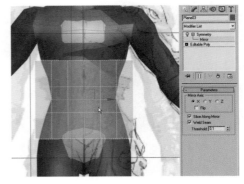

● 图2-258

将原画中象面的图案放大移动到窗口中作为下面建模时的参考，如图2-259所示。

做模型的时候要分清主次，角色的盔甲应该比身体要更为精简，尽量用比较少的面来表现。参考原画把象面甲大致形状调整出来，如图2-260所示。

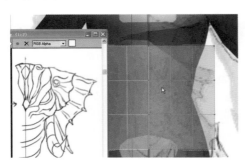

● 图2-259

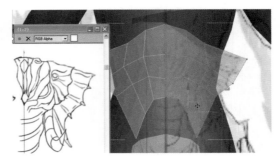

● 图2-260

我们来处理出象眼的部分。因为这只是个盔甲，所以只要做出大致的轮廓就可以了，不需要做得过于细致，不能耗费太多的面在盔甲上，如图2-261所示。

在象面顶端加一圈线，如图2-262所示。

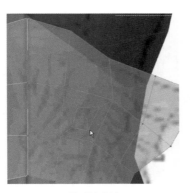

● 图2-261

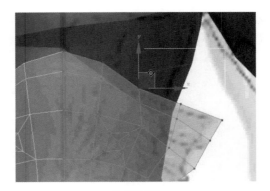

● 图2-262

观察一下原画发现在象面额头中间是有两块宝石的，在模型中切割出两块宝石的形状来，如图2-263所示。

做一些加线操作，通过切割增加出一些横向的线，使模型在横向和纵向上布线均匀，如图2-264所示。

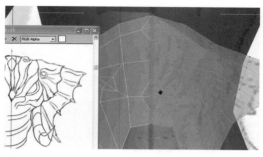

● 图2-263

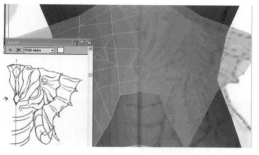

● 图2-264

可以说现在象面的结构已经出来了，但由于我们一直只是在前视图里操作，所以象面还是平的，需要在User视图里调节，使象面呈现弧形，类似面具的形状，如图2-265所示。

事实上在进行角色面部制作的时候，也有人采用先平面再立体的建模方式。建模是有很多方法的，只要熟练掌握一两种适合自己的就可以了。

现在显示出身体，按照身体的轮廓调整象面的圆度，并检查象面和身体是否有穿插的部分，这是做盔甲应该极力避免的一个问题。需要经常检查，可以看出象面甲下端边缘和身体有了穿插，如图2-266所示。

在侧面调整盔甲上有问题的点，如图2-267所示。

按照原画调整象面甲边缘的形状，如图2-268所示。

● 图2-265

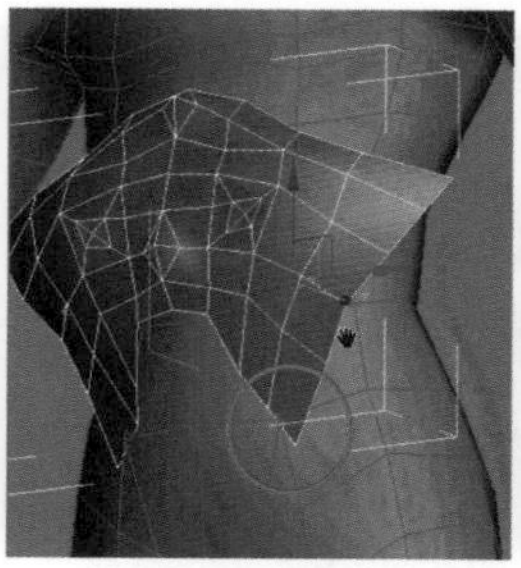

● 图2-266

● 图2-267

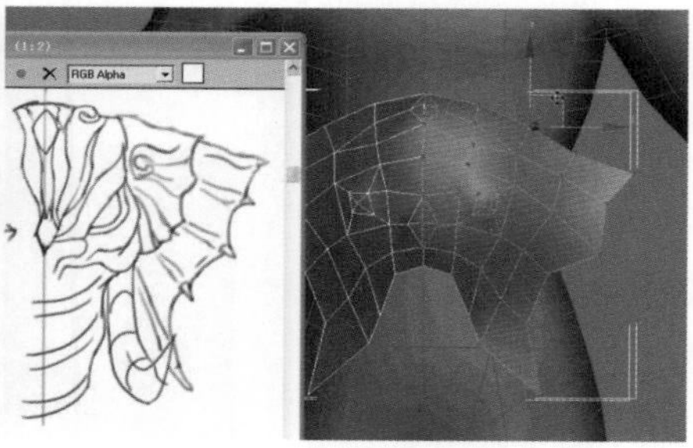

● 图2-268

选择象面甲下端中间的边，按住"Shift"键的同时向下拖拽，形成一个新的面，作为象鼻的结构，如图2-269所示。

在象鼻的面上切割出两条新的边，如图2-270所示。

在侧面调整象鼻的形状，使之有起伏不至于太过死板，如图2-271所示。

在正面从眼角下的点向下沿着象鼻切割，如图2-272所示。

● 图2-269

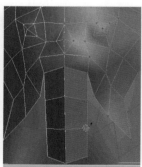

● 图2-270

● 图2-271

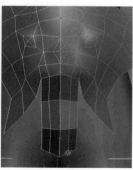

● 图2-272

调整象鼻的结构，使象鼻有立体感，如图2-273所示。

现在象面部分只差象牙了。建立一个"Cone"也就是圆锥物体，将"Sides"值设为4，使"Cone"一圈为四个面，调整参数形成细长的形状，如图2-274所示。

移动旋转后放在象牙的位置，右键转换成"Poly"，如图2-275所示。

删除底面，因为这个面是看不到的，看不到的面都可以删除来节省资源，如图2-276所示。

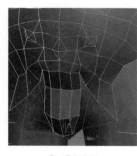
● 图2-273

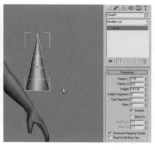
● 图2-274

● 图2-275

● 图2-276

在侧面调整象牙的形状如图2-277所示。

象牙的调节就基本结束了，现在把象牙和象面结合成一个整体。选择象面在堆栈中点击"Editable Poly"，在屏幕中点击右键，选择"Attach"工具，如图2-278所示。

点击象牙，可以发现象牙和象面已经结合成了一个物体，如图2-279所示。

隐藏已经做好的象面甲，现在来制作腰部的围甲。选择人体模型腰部的面，前后都要选择，如图2-280所示。

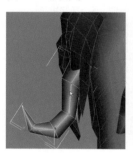
● 图2-277

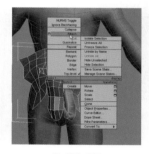
● 图2-278

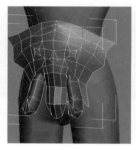
● 图2-279

● 图2-280

◎ 初学的朋友可能会有疑问：怎么表现出原画中耳朵边缘的尖刺呢？有人可能会使用很多的面来制作，那是不正确的，因为不能把宝贵的面耗费在这些特别细小的细节上，用透明贴图是一种很好的办法，在绘制贴图的章节中会有详细的介绍。在进行盔甲模型制作的时候，对于一些原画上已经设计得很清楚的地方，一定要完全忠实于原画，不能随便更改原画的设计。但不是要仅仅拘泥于原画，而是要根据自己的经验加入一些细节在里面，表现出原画没有的立体感。基于原画并高于原画，是一个优秀建模师应该做到的。

2.3.2 腰围甲建模

目的：通过修改身体腰部的面制作腰围甲。

选择移动工具，按住键盘"Shift"键的同时在任意轴向上点击一下，会弹出面的复制面板，点击确定按钮，如图2-281所示。

不要取消面的选择，现在要把已经复制好的面从身体中分离出去，在面板中找到"Detach"按钮，点击弹出一个参数面板，采用默认参数，点击确定，如图2-282所示。

可以看到现在已经把模型腰部的面复制并分离了出来，下面就要在这些面上通过一些简单的修改很容易得到腰围甲。

● 图2-281

● 图2-282

先给盔甲加入"Symmetry"命令,如图2-283所示。

现在调节下腰围甲的形状,使之比身体略大,但不能比身体大得过多,特别要注意不能和身体有穿插的地方,如图2-284所示。

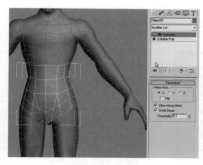
● 图2-283

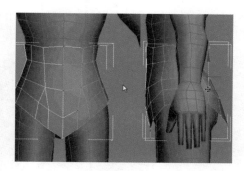
● 图2-284

◎ 在做模型盔甲的时候,很多都可以通过身体上面的复制和修改得到,这比重新制作要简单得多,要掌握身体上面的复制和分离的方法。

2.3.3 大腿甲建模

目的: 建立大腿模型,注意甲片的层叠结构。

先分析一下原画,发现大腿上甲胄是比较有特色的,上面有一个兽面的造型。这部分的盔甲和腰围上象面甲的制作方法很类似,先创建一个"Plane"物体,调整参数如图2-285所示。

把"Plane"物体转化成"Poly",加入"Symmetry"命令,调整"Mirror"镜像平面,如图2-286所示。

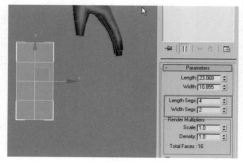
● 图2-285

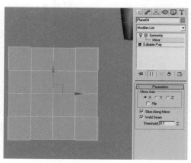
● 图2-286

调整腿甲上的点，形成大致的形状，如图2-287所示。

在正面调整大腿甲的形状，如图2-288所示。

在大腿甲上方制作出两个尖刺的结构，如图2-289所示。

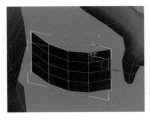 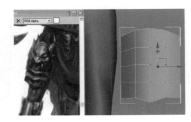 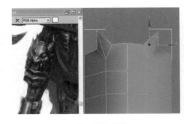

● 图2-287　　　　　　　　● 图2-288　　　　　　　　● 图2-289

先用"Cut"工具切割出鼻子的结构，如图2-290所示。

调整结构后如图2-291所示。

在侧面调整兽面部的结构，使鼻尖、眉骨、颧骨等部位突出，如图2-292所示。

在大腿甲正面切割出嘴部的结构，这部分不用制作得非常细致，兽面牙齿的部分将在以后绘制贴图的时候加以表现，就不通过建模来制作了，如图2-293所示。

  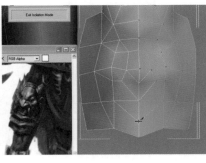

● 图2-290　　　　● 图2-291　　　　● 图2-292　　　　● 图2-293

在俯视的位置调整大腿甲整体的弧度，如图2-294所示。

在侧面调整面部的结构，为了美观把盔甲的下端调整得略微翘起，这同时也是为了角色在动作的时候腿部不容易和盔甲发生交叉，如图2-295所示。

把大腿甲放置在大腿外侧的位置，如图2-296所示。

观察一下原画中大腿甲的设计，发现大腿甲的构造并不是只有一层，而是在下面边缘由三层甲交叠构成。现在来制作这种交叠的结构，选择大腿甲最下面的几个面，如图2-297所示。

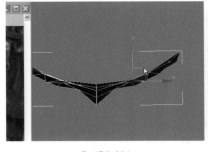 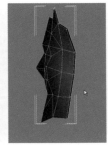  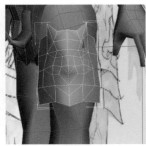

● 图2-294　　　　　　● 图2-295　　　● 图2-296　　　　● 图2-297

然后按住"Shift"键的同时向下移动，松开鼠标时会弹出一个复制面板，点击确定按钮完成复制，如图2-298所示。

调整新复制的面上的点，使边缘被上面的盔甲盖住，如图2-299所示。

同样的方式再复制一层，放置在最下边，如图2-300所示。

现在来制作角色的靴子。选择角色小腿和脚部的面,通过复制和分离操作得到靴子的基本模型,如图2-301所示。

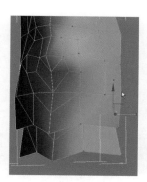

● 图2-298　　　　　● 图2-299　　　　　● 图2-300　　　　　● 图2-301

◎ 为了方便建模,大腿甲可以先制作出形状再放置在大腿上。

2.3.4　靴子建模

分析一下靴子的构造,因为靴子的造型除了旁边的尖刺部分,基本是左右对称的,所以可以在靴子中间加一圈线来把模型分割成两部分,这样处理对绘制贴图是很有好处的。修改后如图2-302所示。

从俯视的角度调整靴子脚面的形状,如图2-303所示。

按照原画的设计,在侧面调整靴子的形状,并加厚鞋底,如图2-304所示。

在正面加宽靴子的宽度,如图2-305所示。

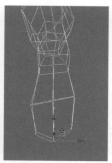

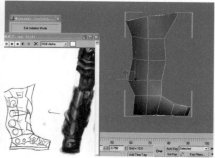

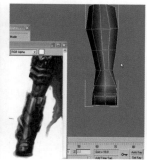

● 图2-302　　　● 图2-303　　　　　　● 图2-304　　　　　● 图2-305

调整靴子筒的圆度,使靴子筒圆滑,如图2-306所示。

显示出身体的模型,现在结合小腿和脚部的模型来调整靴子的形状。如图2-307所示。

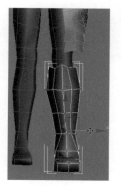

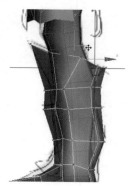

● 图2-306　　　　　● 图2-307　　　　　● 图2-308　　　　　● 图2-309

可以发现靴子和脚面部分有交叠,需要修正。在右视图里显示出背景参考图,参照着背景图调整靴子的形状,如图2-308所示。

经过修改后靴子的形态,如图2-309所示。

选择靴筒边缘的一圈面,按住"Shift"键缩小,形成一圈新的面,如图2-310所示。

保持内圈新生成线的选择状态,点击键盘右键选择"Collapse",也就是塌陷工具,如图2-311所示。

发现选择的边已经焊接到了一起,成为一个点,如图2-312所示。

现在靴子的模型才全部完成,开始护腕的制作。护腕的制作和靴子很类似,先选择人体小臂部分的面,然后通过复制和分离操作得到护腕的基本模型,如图2-313所示。

● 图2-310　　　　　● 图2-311　　　　　● 图2-312　　　　　● 图2-313

◎ 由于被盔甲覆盖的身体部分可以删除,所以一些盔甲边缘需要进行封口操作。本节制作的靴子口就需要这样处理,以免在删除小腿部分时出现镂空效果。

2.3.5 护腕建模

加粗护腕使其完全遮盖住手臂,要特别注意避免和手臂的穿插,如图2-314所示。

护腕面上的点移动调整的时候轴向不是很好控制。因为护腕整体是倾斜的,这时候可以把移动工具的轴向模式由原来默认的"View"视图模式修改成"Screen"屏幕模式,操作起来会更加方便,如图2-315所示。

使用"Cut"工具切割出护腕背面的结构,如图2-316所示。

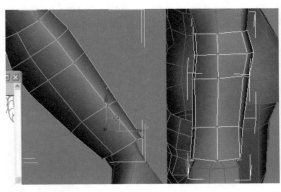  

● 图2-314　　　　　　　　　● 图2-315　　　　　● 图2-316

在靠近手腕的部分切割出结构,如图2-317所示。

现在要做的是三个尖刺。把移动模式改回成"View"模式,如图2-318所示拉出尖刺的形状,要注意尖刺不能太长,以避免动作的时候和手有穿插。

修饰尖刺的结构,如图2-319所示。

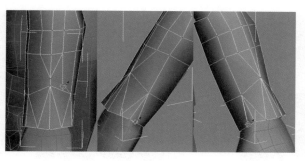

● 图2-317

● 图2-318

● 图2-319

在正面修饰护腕的结构，注意不要把胳膊肘盖住，因为做动作的时候胳膊肘的变形是比较大的。护腕最后完成的效果如图2-320所示。

用线面来制作模型身体前后的两块披风布。建立一个"Plane"物体，参数设置如图2-321所示。

● 图2-320

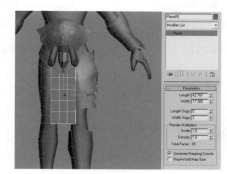

● 图2-321

◎ 护腕甲上的一些点使用默认的"View"模式不容易调节，可以使用"Screen"模式调节。要习惯在"Screen"模式和"View"模式之间经常进行切换，但大部分的操作还是在"View"模式下。

2.3.6 披风建模

将披风布物体转化成"Poly"，修改形状后如图2-322所示。
在侧面调整使披风布有一定的弧度，如图2-323所示。

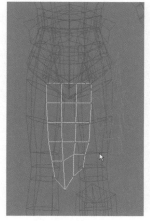

● 图2-322

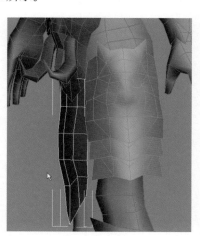

● 图2-323

把前面的披风布复制移动到身体的后侧, 如图2-324所示。

修改一下形状, 使后面的披风布比前面的宽大一些, 形状上也有一定差异, 如图2-325所示。

盔甲的部分都制作完成了, 由于肩甲的结构和腰上象面甲的结构完全相同, 在展完盔甲UV之后进行复制就可以了, 如图2-326所示。

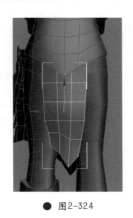
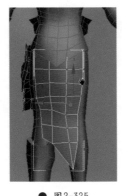

● 图2-324　　　　　　　　● 图2-325　　　　　　　　● 图2-326

◎ 布料结构制作时需要横向上切割一些段数, 这样做动作时才能体现出布料的柔软效果。

2.4　鹿角武士盔甲展UV

本节概述: 相对于身体的UV展开, 盔甲的UV要容易展开得多, 这从盔甲的结构上就可以看出来。因为盔甲大部分都比较平, 所以基本上用平面展开方式就可以完成, 而不需要像身体一样用那么多的方法和步骤。

2.4.1　象面甲UV展开

目的: 使用快速平面展开方式展开象面甲。

盔甲UV展开之前需要先把盔甲的各个部分结合成一个整体。选择腰上的象面甲, 在"Editable Poly"层级, 右键选择"Attach"工具, 如图2-327所示。

结合两块披风布以外的所有盔甲, 如图2-328所示。

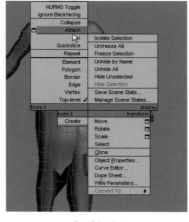
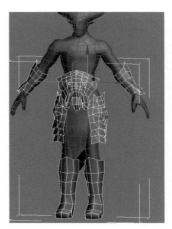

● 图2-327　　　　　　　　　● 图2-328

在堆栈中"Editable Poly"上面加上"Unwrap UVW"命令,如图2-329所示。

点击"Edit"按钮,打开UV编辑器窗口,按照建模的顺序从腰开始展开。在面层级,选择象面甲、z轴向,使用快速平面展开命令展开,如图2-330所示。

● 图2-329

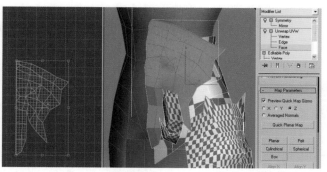

● 图2-330

由于象面是比较平的,所以使用平面展开就可以得到很好的效果,这点从棋盘格的形状上就可以观察出来,如图2-331所示。

选择象牙、x轴向,快速平面展开,如图2-332所示。

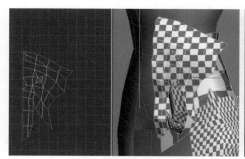

● 图2-331

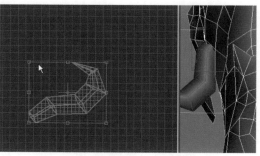

● 图2-332

旋转象牙UV的方向,进入点模式进行调节。将UV调整成三角形的形状,这样是为了节省贴图空间。如图2-333所示。

选择腰围甲的面,发现UV已经比较规整。因为这部分结构是直接从已经展好UV的人体模型上复制下来的,只是调整了形状并没有调整布线,因此只需局部调整下就可以了,如图2-334所示。

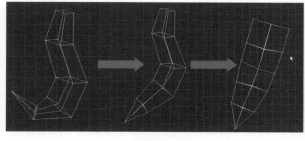

● 图2-333

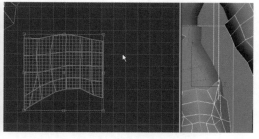

● 图2-334

◎ 象牙的结构比较简单,一圈有四个面。根据这些特点就不把象牙完全展开了,而是采用左右交叠的展开方式。这就即避免了绘制贴图时的接缝处理,也方便了展UV。

2.4.2 腰围甲UV展开

选择腰围甲中间的点，如图2-335所示。

使用放松命令，执行几次操作得到如图，如图2-336所示的效果。在局部调整的时候使用放松命令是一个很好的选择。使用放松命令时要注意不要选择位置正确的点，而且在使用放松命令后往往还需要进行一些微调。腰围甲UV使用的时候不要选择两侧端点的点，因为这两侧的点需要在两条直线上。

参照棋盘格的显示在略微调整得到最后的结果，如图2-337所示。

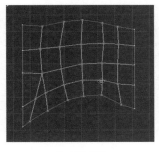

● 图2-335

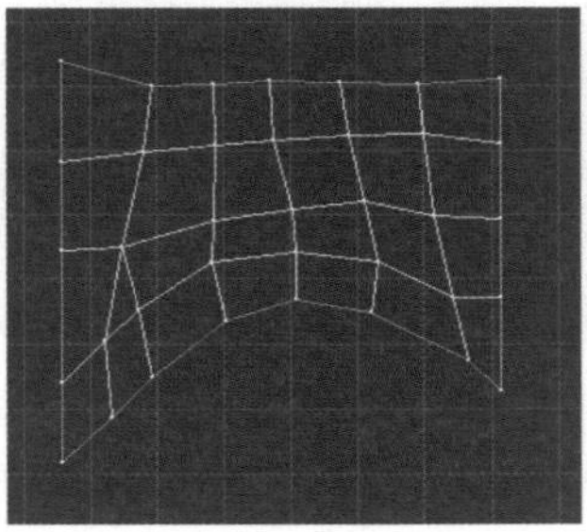

● 图2-336

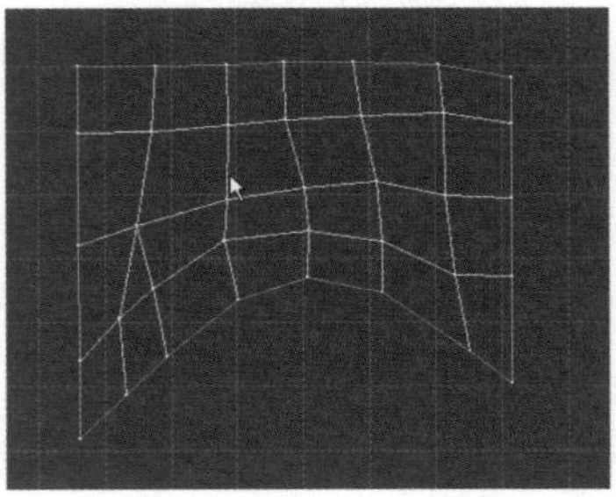

● 图2-337

展开大腿甲的UV。选择大腿甲上的面之后仍然使用快速平面展开方式，但经过操作发现x、y、z三个轴向都不能得到很好的效果，所以选择"Averaged Normals"平均法线方式，如图2-338所示。

这种轴向下展开的效果是很不错的，如图2-339所示。

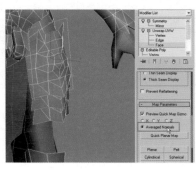

● 图2-338

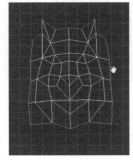

● 图2-339

在模型比较扁平且位置不正的情况下比较适合使用这种轴向。

选择大腿甲下端的两块甲片，使用同样的方法展开，如图2-340所示。

这两块甲片无论是结构还是纹理都是完全相同，因此可以将它们叠加在一起使用同样的贴图纹理。将下面甲片的UV移动覆盖到上面的UV上，如图2-341所示。

现在展开靴子的UV，靴子的展开方式类似象牙，因为靴子内外侧的花纹和结构是一致的，所以可以叠加UV使用相同的贴图纹理。选择靴子上的面，注意不要选择鞋底和靴子封口处的面，如图2-342所示。

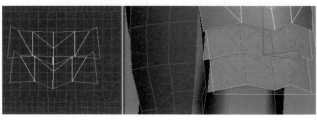

● 图2-340

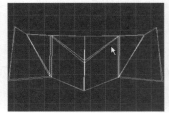

● 图2-341

● 图2-342

2.4.3 靴子UV展开

选择x轴向,使用快速平面展开,得到靴子的UV,如图2-343所示。

在模型上显示棋盘格,作为调整UV的参考,如图2-344所示。

通过观察发现靴子侧面UV展开的很理想,但脚面部分和靴子后面的UV拉伸是比较严重的,是需要重点调整的位置,如图2-345所示。

● 图2-343　　　　　● 图2-344　　　　　● 图2-345

先修正靴子后面的UV,按照模型多边形的形状调整UV的形状,可以看到棋盘格已经减小了拉伸,得到比较好的效果,如图2-346所示。

再修正靴子前面和脚面的UV,消除拉伸的部分,如图2-347所示。

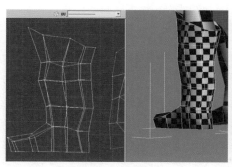 

● 图2-346　　　　　　　　　　● 图2-347

选择靴筒上方封闭的面,选择x轴向,使用快速平面展开,得到靴筒封闭面的UV,如图2-348所示。

现在展开护腕的UV。展开的方式是比较灵活的,可以先分两部分展开,再焊接合并到一起,也可以像胳膊的展开方式一样,使用"Pelt"展开方式,现在我们就使用"Pelt"的方式来展开。使用"Point To Point Seam"工具在护腕将内侧切一条线作为拆分线,如图2-349所示。

选择护腕上的任意一个面,点击"Exp.Face Sel To Pelt Seams"按钮,选择整个护腕甲,如图2-350所示。

选择"Pelt"工具,如图2-351所示。

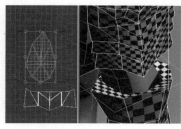   

● 图2-348　　　● 图2-349　　　● 图2-350　　　● 图2-351

在面板最下面找到"Edit Pelt Map"按钮，点击打开编辑器，如图2-352所示。

点击几次"Simulate Pelt Pulling"按钮进行解算，得到正确的展开效果，如图2-353所示。

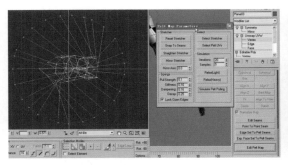
● 图2-352

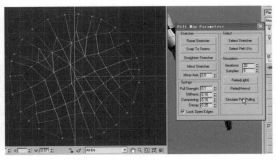
● 图2-353

2.4.4 调整各部分UV比例

目的：调整各部分UV的方向及比例，按合理的布局放置在蓝色方框内。

观察一下已经展开的UV，可以看出在每块UV展开之后都需要旋转到比较正的方向，最好不要为了实现UV的更紧密排列倾斜摆放UV，这样做节约贴图的空间有限，而且倾斜的UV不利于贴图的绘制。

已经展好的UV比例还不一致，需要调整各个部分的比例。鞋底现在的比例过大了，进行缩小的操作，如图2-354所示。

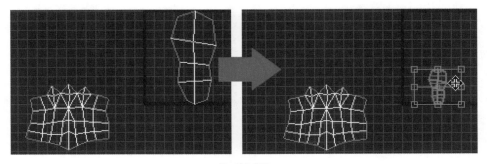
● 图2-354

◎ 调整的时候并不仅仅只是把各个部分调整到同样的比例，而是在比例基本一致的情况下适当放大重要部位的UV，使重要的部分占用更充分的贴图空间。对于鹿角武士的盔甲，象面甲是很重要的一个部分，需要放置在肩部和腰部。人的视线观察模型的时候是从上至下的，所以靠近头部的肩甲需要比较高的精细程度。

在各个部分比例基本一致的情况下放大象面甲的UV，使象面甲的棋盘格略小，如图2-355所示。

在进行了一段时间的UV展开操作之后，可以在堆栈中塌陷"Unwrap UVW"命令，使"Unwrap UVW"命令展开的UV信息集成在模型内部。在堆栈的"Unwrap UVW"修改上面点击鼠标右键，选择"Collapse To (塌陷到)"命令，如图2-356所示。会弹出一个警告面板，软件提示本操作是不可逆的，点击"Yes"确定，如图2-357所示。此时会看到"Unwrap UVW"命令已经消失，如图2-358所示。

使用同样的操作塌陷"Symmetry"修改，使模型左右合并成一个整体，如图2-359所示。

点击鼠标右键，使用"Attach"命令，如图2-360所示。

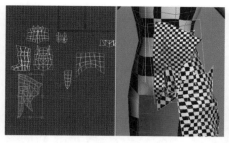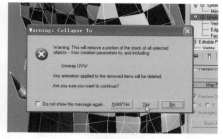

● 图2-355　　　　　● 图2-356　　　　　● 图2-357

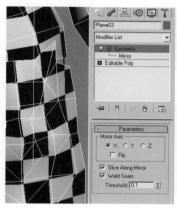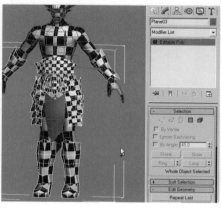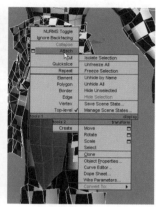

● 图2-358　　　　　● 图2-359　　　　　● 图2-360

将前后两块披风布结合到身体上，如图2-361所示。

现在盔甲的所有部分已经都结合在了一起，再指定一个"Unwrap UVW"修改，如图2-362所示。

展开前面的披风布，如图2-363所示。

展开后面的披风布，如图2-364所示。

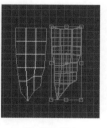

● 图2-361　　　● 图2-362　　　● 图2-363　　　● 图2-364

调整两块披风布的UV比例，和身体其他部分相协调，调整后如图2-365所示。

现在UV分布得很散乱，必须要把所有的UV都放到UV编辑器中的蓝色方框内部，整理后如图2-366所示。

在进行仔细地微调，使每块UV之间的空隙很小，以达到贴图最有效的利用，但要注意避免不同部位UV的交叠，如图2-367所示。

整理好后塌陷"Unwrap UVW"修改。

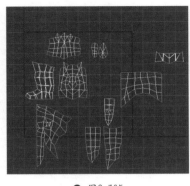
● 图2-365

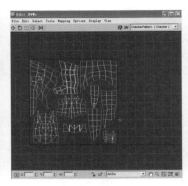
● 图2-366

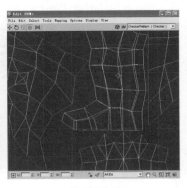
● 图2-367

◎ 在UV展开之后需要塌陷"Unwrap UVW"命令，将正确的UV集成到模型内部。

2.5 绘制身体贴图

本节概述：贴图的绘制是模型制作过程中最重要的一环。业内有个广泛的共识，就是三分建模七分贴图，甚至是二分建模八分贴图，这充分表现出了贴图的重要性。由于低模模型的面数有很大的限制，所以细节基本上都要通过贴图表现。

2.5.1 整理模型和UV

目的：对身体模型和UV做最后的整理，并渲染出UV参考图，为绘制贴图做准备。

可以看到身体一些部分隐藏在盔甲中，如图2-368所示。

删除身体脚部的面，因为角色脚部一般都有靴子，所以在这里就不保留脚部的面了。身体其他部分被盔甲遮盖住的部分均进行保留，这是为了绘制贴图的时候系统地介绍身体贴图绘制方法，但要知道实际制作模型时被遮盖住的面是可以删除的，如图2-369所示。

观察一下看删除后是否有镂空的地方，确定无误后进入下一步操作，如图2-370所示。

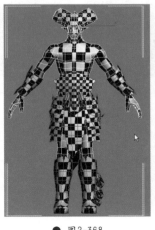
● 图2-368

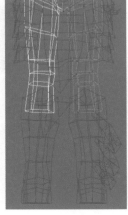
● 图2-369

● 图2-370

"Ctrl+A"选择身体上所有的点,点击鼠标右键,点击"Weld"旁边的参数调节按钮,如图2-371所示。

弹出的参数面板保持默认参数,点击 OK 按钮确定,如图2-372所示。

这一步的操作是处理掉模型上一些使用"Cut"工具时由于切割不准确产生的错误点。

在堆栈中塌陷"Symmetry"修改,使模型左右部分合并为一个整体,如图2-373所示。

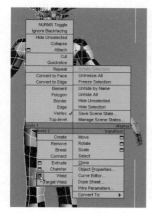

● 图2-371

● 图2-372

● 图2-373

给模型添加"Unwrap UVW"修改命令,查看UV,如图2-374所示。

在以前章节里展身体UV的时候只展开了一半,所以虽然现在模型两半都有了,但UV依然重叠在一起。对于头部和身体,我们希望在贴图上表现出一些差异,使模型看起来不至于太死板,而且一些横穿在头部和身体上的细节也可以表现出来,比如伤疤、纹身等。下面来具体操作。

在UV编辑器下端的工具中勾选"Select Element(选择元素)",在选择UV时就可以一次选择整块的UV。点选一下头部的UV,向左拖动,如图2-375所示。

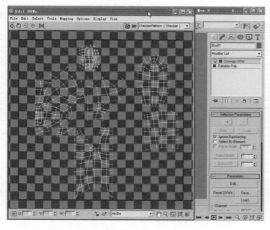

● 图2-374

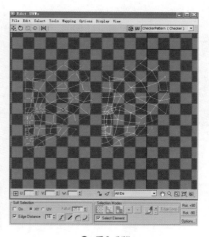

● 图2-375

使用水平翻转工具翻转UV,如图2-376所示。

放大UV显示,移动左边头部UV,使左右两部分UV紧密地挨在一起,如图2-377所示。

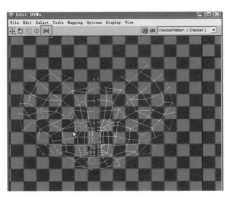

● 图2-376

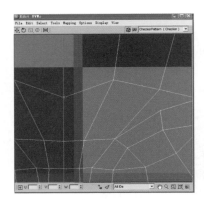

● 图2-377

关掉"Select Element（选择元素）"的勾选，在"Options"菜单中选择"Preferences"命令，如图2-378所示。

在弹出的参数面板中将"Weld Threshold（焊接阀值）"参数调节到0.001，如图2-379所示。

选择头部中间的点，如图2-380所示。右键点击鼠标，选择"Weld Selected（焊接选择）"命令，如图2-381所示，可以看到头部已经连接在了一起。由于刚才已经将焊接阀值设置得很小，所以并没有焊接错误的点，如图2-382所示。

用同样的方法处理头部的背面，先将头部背面重叠的UV分开，如图2-383所示。

将左边UV水平翻转后和右边UV仔细对齐，如图2-384所示。

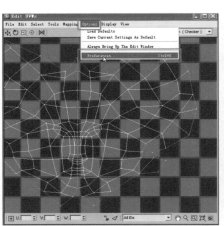

● 图2-378

● 图2-379

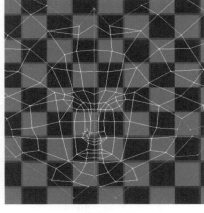

● 图2-380

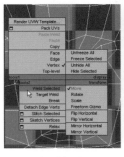

● 图2-381

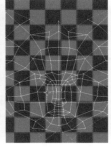

● 图2-382

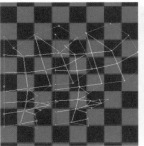

● 图2-383

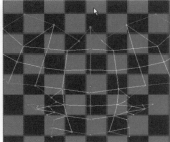

● 图2-384

使用"Weld Selected"命令焊接成一个整体，如图2-385所示。

对身体进行同样的操作，具体过程就不再赘述了，如图2-386所示。

但身体UV是否要保留现在的形态呢？答案却是否定的。道理很简单：身体间接缝的位置不理想。现在的UV展开方式接缝在后背正中，这个位置太过明显，对于身体来说接缝的最好位置是在身体两侧，下面就按照这个思路修改UV。

以身体侧面为界，选择左侧后背的面，如图2-387所示。

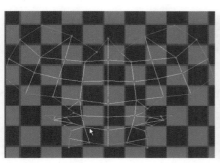
● 图2-385

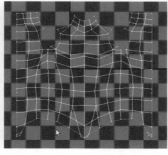
● 图2-386

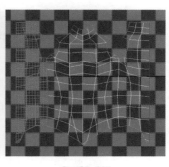
● 图2-387

现在要做的工作是将这些面从身体分离出去，然后合并到身体另一侧。点击鼠标右键，选择"Detach Edge Verts（分离边和点）"命令，如图2-388所示。

移动选择的面，会发现这些面已经和身体分离开了，如图2-389所示。

将分离开的面移动到身体右侧，如图2-390所示。

使用"Weld Selected"命令焊接成一个整体，这样就得到了正确的身体UV，如图2-391所示。

● 图2-388

● 图2-389

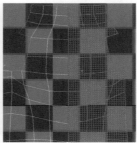
● 图2-390

● 图2-391

手臂和腿部就不用再修改了，因为鹿角武士的手臂和腿部两边的结构和纹理相同。当然如果角色的两边纹理或者结构不同的话UV是不能重合在一起的。

现在要将已经调节好的各部分UV放到蓝色的方框内。那么身体各部分之间的比例应该是怎样的呢？这里说一下大概的规范，由于头部需要表现很多的细节，所以头部大约占贴图的四分之一空间。身体的其他部分按照基本相同的比例放置在其他位置，但腿部的UV可以适当小一些，因为腿部细节相对比较少。通过放缩和移动工具调整，注意不要超出蓝色边框，各部分UV也不能有交叠，调整后的UV如图2-392所示。

在"Tool（工具）"菜单里选择"Render UVW Template（渲染UVW）"工具，如图2-393所示。

弹出渲染面板，渲染图像的宽和高都设置成512，如图2-394所示。

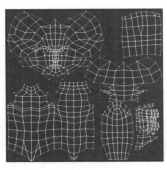

● 图2-392　　　　　　　● 图2-393　　　　　　　● 图2-394

经过渲染得到UV网格图，点击渲染面板左上方的保存按钮，如图2-395所示。

保存成jpg格式，图像质量按默认设计即可，如图2-396所示，下一节就可以根据保存的UV网格图进行贴图的绘制。

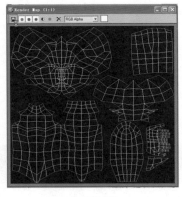

● 图2-395　　　　　　　　　　● 图2-396

◎　在绘制身体贴图之前对身体UV进行最后的整理。为什么不在前面一次性展好UV呢？这个要从游戏模型的实际制作流程来分析：在盔甲模型制作完成之前，是不知道身体模型上哪些面是可以删除的，例如小臂和小腿上被盔甲遮盖住的面就没有必要保留，为了节省资源这些看不到的面都需要删除。为了系统地给读者介绍身体展UV方法，在前面的操作中没有删除身体上任何的面，所以在这节来整理模型并且最终完成展UV的操作。

2.5.2　处理UV图

目的：在Photoshop里处理渲染出的UV图，为贴图绘制做准备。

在Photoshop中打开上节保存好的UV图，如图2-397所示。

打开Photoshop图层面板，双击"背景层"，弹出重命名对话框，保存默认名，点击确定，如图2-398所示。

这步的作用是解除背景图层的锁定状态，如图2-399所示。

在"图层0"下面建立一个新图层，如图2-400所示。

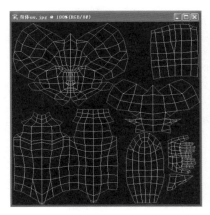

● 图2-397

● 图2-398

● 图2-399

● 图2-400

选择"图层0",使用快捷键"Ctrl+I"将图像反色处理,得到白底黑线的线框图,如图2-401所示。

将"图层0"的叠加模式改成正片叠底方式,这样在"图层1"绘制贴图的时候不会被"图层0"遮挡,如图2-402所示。

将"图层0"的不透明度改小,大约在30%左右就可以了。因为这层只是起到一个参考作用,是不能在这层上绘制的,而且"图层0"要一直处在最上面,如图2-403所示。

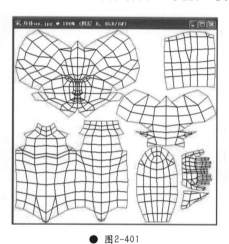

● 图2-401

● 图2-402

● 图2-403

◎ 每次贴图绘制前都要按照同样的方法处理UV图。

2.5.3 鹿角武士身体贴图绘制

目的:通过身体贴图绘制掌握贴图绘制的步骤。绘制时要一直选择虚边的笔尖,避免在绘制时产生明显的笔触。适度建立图层,图层过多或过少都会影响绘制效率。

1. 使用加深减淡工具绘制贴图基本的明暗

选择一种接近皮肤的颜色,将"图层1"填充,如图2-404所示。

选择加深工具,选择一种有虚边的笔尖。在贴图绘制中笔尖的选择很重要,笔尖选择不当会产生笔触感,而贴图的绘制是要严格避免笔触感的。在以下的绘制过程中无论使用加深减淡工具绘制,还是使用画笔绘制都要使用这种笔尖,不需要更换。笔尖的选择如图2-405所示。

将加深工具的曝光度调整到10%,范围选择中间调,这样在绘制的时候不容易产生明显的笔触,如图2-406所示。

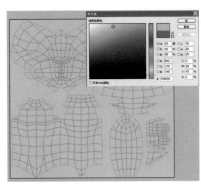

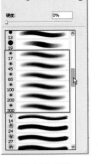

● 图2-404　　　　　　　　　● 图2-405　　　　　　　　　● 图2-406

　　头部绘制出大致的明暗，对于头部这样对称的部分只需要绘制出一半即可，然后通过复制得到另一半，如图2-407所示。

　　绘制出身体的大致明暗，也只需绘制出中间的一半即可，如图2-408所示。

　　绘制出胳膊的大致明暗，也只需绘制出中间的一半即可，如图2-409所示。

　　绘制出腿部的大致明暗，也只需绘制出中间的一半即可，如图2-410所示。

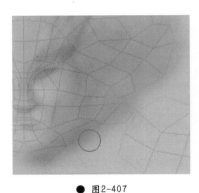

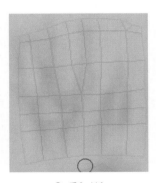

● 图2-407　　　　　● 图2-408　　　　　● 图2-409　　　　　● 图2-410

　　同样的方法绘制出耳朵和头部背面的大概明暗，整体效果如图2-411所示。

　　在"图层1"上面加入一个新图层，命名为"图层2"，将要在"图层2"中绘制出身体的细节部分，如图2-412所示。

　　在"图层2"中绘制不能使用加深简单工具，而要使用画笔工具。采用和加深同样的笔尖，使用比较低的流量，如图2-413所示。

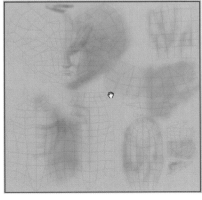

● 图2-411　　　　　　　● 图2-412　　　　　　　● 图2-413

在"图层2"中浅浅地绘制出五官的结构，如图2-414所示。

关掉"图层0"，不显示UV，这样会更方便贴图的绘制，如图2-415所示。

继续绘制面部细节，如图2-416所示。

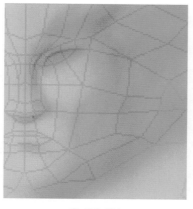 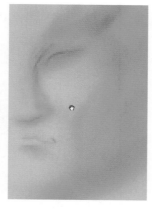 

● 图2-414　　　　　● 图2-415　　　　　● 图2-416

2. 绘制细节

使用灰色绘制出头上角的部分，并加深嘴唇以及下颚的阴影，如图2-417所示。

使用比肤色稍深的颜色，用线条绘制出胸腹部的结构，如图2-418所示。

继续勾画出身体侧面的结构，如图2-419所示。

 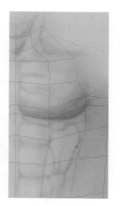 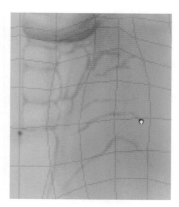

● 图2-417　　　　　● 图2-418　　　　　● 图2-419

勾画出后背的结构，身体结构如图2-420所示。

使用浅灰色绘制出头部后面的结构，如图2-421所示。

勾画出腿部的结构，如图2-422所示。

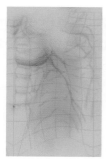 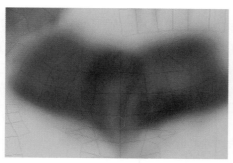 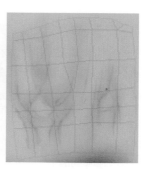

● 图2-420　　　　　● 图2-421　　　　　● 图2-422

勾画出胳膊的结构，如图2-423所示。

隐藏UV层的显示，观察整体的绘制，如图2-424所示。

用psd格式保存贴图，为了保险一定要经常保存。

在3ds Max中给身体模型指定一个材质球，在"Diffuse"通道里指定刚才保存的贴图，并且将"Self-Illumination（自发光）"参数调节到100，效果如图2-425所示。

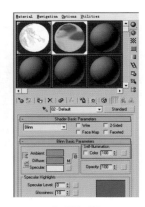

● 图2-423　　　　　● 图2-424　　　　　● 图2-425

在贴图没完成之前做这样的工作是为了检验肌肉结构的位置是否正确，并对错误的部分及时进行修饰。比如肩膀三角肌的位置有些靠下了，这需要一会儿在Photoshop里修改，如图2-426所示。

现在对贴图做细致地描绘，让我们从眼睛画起，绘制的时候要注意眼白的表现，眼白上面部分需要绘制出上眼皮的投影。黑眼球要绘制出立体感，在下端绘制出反光，并点出高光。眼角的泪囊部分虽然很小也要加以表现。眼袋的表现要合适，不能过于强烈，不然会使角色看上去很老，眼睛的表现如图2-427所示。

鼻子的绘制要注意鼻尖的结构，把鼻子下面的反光绘制出来，要注意反光和高光之间的明暗交界线。鼻孔要用很深的颜色，绘制出鼻尖在上嘴唇的投影，表现如图2-428所示。

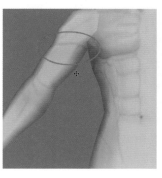

● 图2-426　　　　　● 图2-427　　　　　● 图2-428

◎ 现在已经接触到了人体绘制时表现皮肤质感很重要的一点：明暗交界线。明暗交界线是亮部和反光之间的一条很深的线，处理好明暗交界线对皮肤的逼真表现是非常重要的。在下面的绘制过程中还会反复接触到明暗交界线的表现。

对嘴唇的绘制要注意不能绘制得太鲜艳，男性角色的嘴唇颜色只会比皮肤颜色略为鲜艳。女性角色的唇色也是分年龄和职业的，成熟妖艳的角色一般嘴唇才会非常鲜艳。嘴唇绘制效果如图2-429所示。

用比较深的棕色表现头上角质部分的裂纹，如图2-430所示。

绘制头部背面角质部分的裂纹，如图2-431所示。

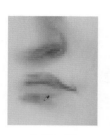

● 图2-429   ● 图2-430   ● 图2-431

　　保存贴图，在Max中观察一下现在的效果，如图2-432所示。
　　深入处理头部角质的细节，加入一些横向上的纹理丰富细节。在绘制贴图的时候要做到胆大心细，对需要加深的部分一定要深下去，该提亮的部分也一定要亮起来，这样立体感才强烈，否则贴图会很平。如图2-433所示。
　　绘制好整个头部角质部分的细节，如图2-434所示。

● 图2-432   ● 图2-433   ● 图2-434

　　在凸起的部分绘制出一些高光，但不要太亮，体现出角质的质感，如图2-435所示。
　　对五官再做一些更加细致的刻画，加深鼻孔等部位，并且在颧骨和嘴角部分增加些细节，尤其要注意嘴角部分的处理，不要画出太明显的褶皱，要使角色看起来既有一定的年纪又不会显得很苍老。如图2-436所示。
　　在下颚骨和腮骨与脖子交界处绘制出较深的阴影线，增加面部的立体感，如图2-437所示。

● 图2-435   ● 图2-436   ● 图2-437

在脖子位置绘制出肌肉的细节。要特别注意明暗交界线的处理和亮度产生的位置，要注意亮的位置未必产生在凸起的位置，如图2-438所示。

绘制出胸部和腹部的细节。要注意胸部由于是身体上最突出的部分，所以有着身体上最深的阴影，明暗交界线也是非常深的，而三块腹肌的形状大小都是不同的，特别是边缘要绘制出虚实的变化，不然会显得很生硬。如图2-439所示。

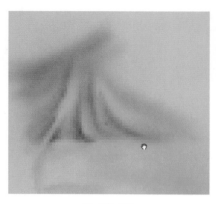
● 图2-438

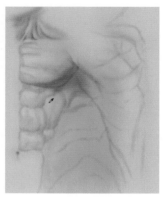
● 图2-439

◎ 初学的朋友可以找来一些光线比较柔和的肌肉特写照片作为参考，其实绘制贴图时最好的老师就是照片，再熟练的模型师在绘制贴图时也是需要参考的。

绘制出身体侧面的肌肉，同样可以参考一些照片，绘制时要特别注意肌肉的形态和边缘虚实的变化，如图2-440所示。

绘制出后背的肌肉细节，如图2-441所示。

绘制出手臂的肌肉细节，如图2-442所示。

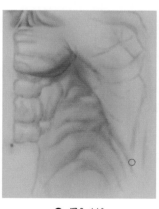
● 图2-440

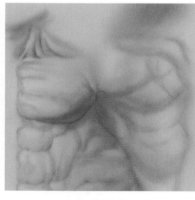
● 图2-441

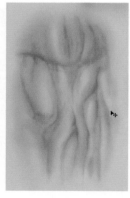
● 图2-442

3．绘制出高光和颜色的变化

在"图层2"上加入"图层3"，在"图层3"中绘制出高光，如图2-443所示。

首先在拾色器中选择皮肤的颜色，然后把皮肤颜色在色相不变的情况下向左上方移动，如图2-444所示。

使用调整好的颜色在"图层3"中绘制高光，注意高光一般产生在头部的位置：鼻尖、颧骨、下眼皮边缘、眼窝、鼻窝、嘴角、下唇、下颚上端，其中鼻尖的高光应该是最亮的，绘制效果如图2-445所示。

● 图2-443　　　　　　　　　● 图2-444　　　　　　　　　● 图2-445

对身体部分加入高光，如图2-446所示。

绘制出胳膊部分的高光，如图2-447所示。

绘制出腿部的细节和高光，要特别注意膝盖部分的结构，如图2-448所示。

绘制出耳朵的细节和高光，如图2-449所示。

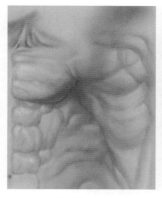

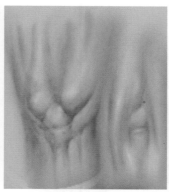

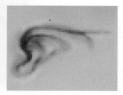

● 图2-446　　　　　● 图2-447　　　　　● 图2-448　　　　　● 图2-449

绘制出手的细节和高光，如图2-450所示。

最后需要在头部角质的部分绘制出特别亮的高光点，这样才能体现出比较强烈的质感，如图2-451所示。

在头部背面的角质部分也绘制一些强烈的高光点，如图2-452所示。

● 图2-450　　　　　　　　　● 图2-451　　　　　　　　　● 图2-452

头部角质的部分还没有表现出粗糙的纹理，在"图层3"上面新建"图层4"，然后绘制出粗糙的纹理，如图2-453所示。

将画笔的笔尖更改为一种有着杂乱笔触的笔尖，如图2-454所示。

现在需要更改画笔的设置，点击画笔属性设置按钮，弹出的属性面板中选择画笔笔尖形状面板，将间距的数值调整到80%，如图2-455所示。

勾选动态形状选项，设置这个选项的参数值，具体设置如图2-456所示。

● 图2-453

● 图2-454

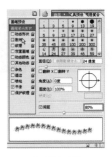
● 图2-455

● 图2-456

使用刚调整好的画笔，用黑色在"图层4"中绘制，小心不要绘制到面部，效果如图2-457所示。

仍然使用这个画笔，用白色绘制高光的部分，但不要过亮，如图2-458所示。

● 图2-457

● 图2-458

完成贴图的基本绘制，如图2-459所示。

保存贴图，在Max中观察一下效果，如图2-460所示。

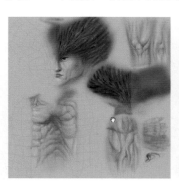
● 图2-459

● 图2-460

◎ 绘制高光时颜色的选择很重要。皮肤的高光是有颜色的，用纯白色绘制是错误的；但高光处的高光点需要用白色来绘制，注意二者的区别。

2.6 使用BodyPaint3D深入绘制身体贴图

本节概述：本章中主要使用BodyPaint3D来处理接缝和一些拉伸的贴图。

现在需要把已经基本绘制完成的鹿角武士身体贴图，使用BodyPaint3D软件深入绘制得到最终的成品。

首先介绍一下BodyPaint3D软件：BodyPainter是一款直接在3D物体表面进行纹理绘制的软件，支持Max和Maya等主流三维软件格式，有着和Photoshop媲美的众多工具和滤镜，可以很方便地在3D物体表面绘制纹理和处理接缝。以前使用最广泛的是DeepPainter3D，但由于这个软件功能比较简单，逐渐被BodyPaint3D所取代，现在BodyPaint3D被许多国外和国内公司所采用。BodyPaint3D可以非常方便地去除以前让模型师非常头痛的接缝，在熟练掌握后甚至可以直接在BodyPaint3D上绘制纹理，从而抛开Photoshop，但个人认为Photoshop的强大和高效功能还是无法替代的。BodyPaint3D另一个隐性的作用是降低了展UV的难度，即使UV有的部分有较大的拉伸，也可以通过BodyPaint3D来修正，无形中也提高了展UV的效率。本节中使用的软件版本是BodyPaint3D 2.5。

2.6.1 导出身体模型

在BodyPainter中绘制前需要先在Max中导出模型。在Max的"File"菜单中找到"Export（导出）"工具，如图2-461所示。

在导出的格式中选择".obj"结尾的格式，这是Maya的专属格式，但可以为Max识别，在导出面板中的"Faces"选项里选择"Polygons"，如图2-462所示。

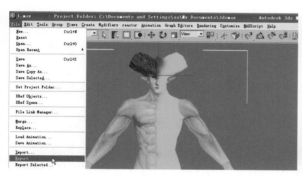

● 图2-461

● 图2-462

2.6.2 BodyPaint3D基本功能介绍

启动BodyPaint3D软件，可以发现这个软件的界面即像Photoshop又有点像3ds max，如图2-463所示。

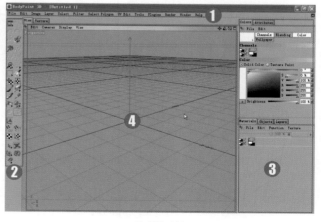

● 图2-463

①菜单栏有很多和Photoshop相似的菜单，甚至可以媲美Photoshop的滤镜，其中也有一些3D方面的工具。

②工具栏有很多在Photoshop中也很常用的工具，如涂抹、加深减淡、画笔等。

③属性栏可以调节所选的工具或者物体的属性。

④视图区在视图区进行贴图的绘制操作。

工具栏左上角有一个重要的视图切换工具，如图2-464所示。

将模式切换到"BP UV Edit"模式，发现视图有了变化，三个面板（材质面板、图层面板、属性面板）排列在了软件下方，右上角新增加了一个窗口，这个窗口是作为显示贴图的，所以这个模式既可以在模型上直接绘制，也可以在贴图上绘制，非常灵活。如图2-465所示。

BodyPaint3D在工具栏里将克隆、涂抹、加深、减淡和淡化工具放置在一起，如图2-466所示。

观察一下视图，每个视图窗上都有调节的菜单和一些控制视图的工具，右边的工具分别是移动、放缩、旋转和最大化窗口，如图2-467所示。

● 图2-464　　● 图2-465　　● 图2-466　　　　　　● 图2-467

◎　BodyPaint3D简单易用，但功能较多，使用的时候不需要掌握所有功能，只要熟练书中介绍的功能就可以满足使用要求了。

2.6.3　绘制前准备

目的： 在BodyPaint3D中绘制模型要做一些准备工作：导入模型，新建材质，指定贴图，调整模型显示方式等。

将刚才导出的模型导入到BodyPaint3D里面，通过实际的应用来学习bodypain3D的使用。在"File"菜单中选择"Open"，打开刚才保存的".obj"文件，如图2-468所示。

可以通过视窗的调节功能显示四个窗口，和Max是很相似的，但实际操作还是以立体视图的显示为主，如图2-469所示。

现在模型还没有指定贴图，BodyPaint3D中贴图的指定方式和Max一样，都需要先赋予一个材质。在属性面板中选择"File"菜单中的"New Material"，创建一个新的材质，如图2-470所示。

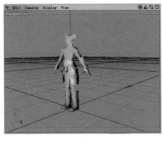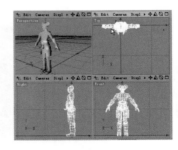

● 图2-468　　　　　　● 图2-469　　　　　　● 图2-470

使用坐标左键将材质球拖动指定给模型的身体部分，然后双击新建的材质球，弹出材质的属性面板，点击"Texture"栏目的指定贴图按钮，找到刚才绘制的身体贴图，如图2-471所示。

可以看到现在模型已经显示出了贴图的效果，如图2-472所示。

但选择画笔工具在身体上绘画的时候发现还是无法绘制，这是因为材质还是绘画状态没有被激活。点击材质旁边红框里的x符号，激活材质的绘画状态，如图2-473所示。

现在鼠标放在人体上的时候已经变成了画笔的形状，可以在身体上绘画了，如图2-474所示。

● 图2-471

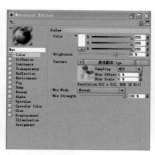

● 图2-472

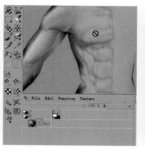

● 图2-473

● 图2-474

◎ BodyPainter3D是由大型三维软件Cinema 4D简化而成的, 所有工作流程有着3D软件的特点。

现在就和在Max中一样, 刚指定好贴图之后发现模型有暗面, 观察起来不是很方便, 在Max中是通过增大自发光参数来调整, 在BodyPaint3D中也需要做类似的操作。在窗口菜单"Display"选项中选择"Constant Shading"模式, 如图2-475所示。

这种模式是专门为游戏模型制作设计的, 效果类似Max中材质的自发光参数调节到100时的效果, 如图2-476所示。

将图像模式调整到"Bp 3D Paint"模式, 以便有更大的绘画区域, 如图2-477所示。

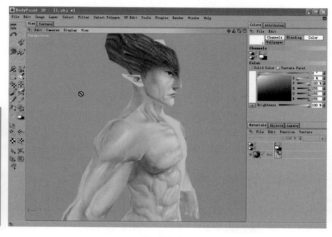

● 图2-475

● 图2-476

● 图2-477

窗口菜单"Cameras"选项中将原来的"Perspective"模式选择成"Parallel"模式, "Parallel"相当于Max中的"User"模式, 没有透视, 这种模式更方便绘画操作, 如图2-478所示。

选择画笔工具, 现在就可以在模型上绘画了, 但发现画笔在不同的部位笔尖大小不同, 特别是在接缝处会产生跳动, 绘画起来很不方便, 如图2-479所示。

处理的方法很简单, 使用工具栏中的映射模式按钮, 如图2-480所示。

● 图2-478

● 图2-479

● 图2-480

开启映射模式后,映射模式按钮下面的两个灰色按钮变得可用。左边的是确定映射绘画,右边的是删除映射效果,如图2-481所示。

现在在接缝处绘画的时候笔触均匀,已经没有了跳动感,如图2-482所示。

选择画笔工具,在"Attributes"面板中调节画笔的属性。点击笔尖形状,选择第二个,这种笔尖和Photoshop中绘制贴图时采用的虚边笔触相似,如图2-483所示。

画笔大小的快捷键是"["和"]",画笔压力大小的快捷键是"ctrl+["和"ctrl+]"。

● 图2-481

● 图2-482

● 图2-483

◎ 为了方便绘制,要将模型显示方式设定为"Constant Shading",将视图显示方式设定为"Parallel"。

2.6.4 进行绘制

目的:通过绘制消除接缝并增加细节。

吸取下颚接缝处的颜色,在接缝处绘制,使接缝消失,如图2-484所示。

在脖子侧面接缝处吸取颜色,在接缝处绘制,使脖子侧面接缝消失,如图2-485所示。

消除耳朵和面部、耳朵和脖子间的接缝,并在耳朵下面绘制出阴影,如图2-486所示。

观察头部的背面,在后脑部分有比较多的接缝要处理,如图2-487所示。

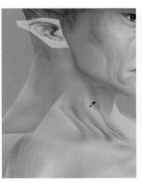

● 图2-484

● 图2-485

● 图2-486

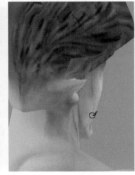

● 图2-487

在接缝处绘制,消除接缝,并在后脑部分绘制一定的角质,使头上的角和头部的过渡自然,如图2-488所示。

由于头部是分成两块展开的,所以头上角的部分有接缝,消除接缝,如图2-489所示。

处理角部顶端的接缝,如图2-490所示。

点击确定映射,将刚才的绘制保存,如图2-491所示。

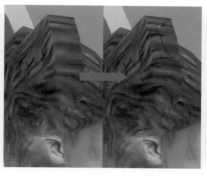

● 图2-488　　　　　● 图2-489　　　　　● 图2-490　　● 图2-491

　　在肩膀和身体的接缝处绘制，消除接缝，并且绘制出三角肌和胸肌之间的肌肉纹理，如图2-492所示。
　　处理肩膀和脖子之间的接缝，绘制出肌肉结构，如图2-493所示。

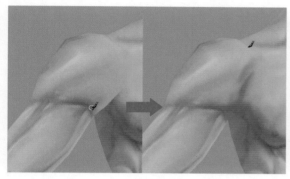
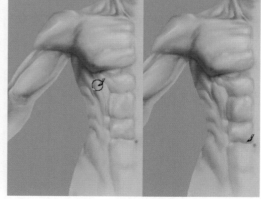

● 图2-492　　　　　　　　　　　● 图2-493

　　加深胸部和腋下的阴影，加强胸肌的立体结构，如图2-494所示。
　　再加深腹肌侧面阴影，突出腹部肌肉的立体感，如图2-495所示。

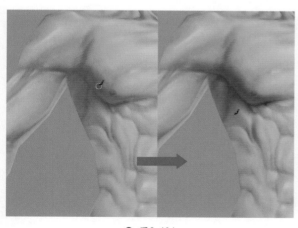

● 图2-494　　　　　　　　　　　● 图2-495

　　消除肩膀和后背间的接缝，如图2-496所示。
　　加深胳膊内侧阴影。因为这部分背光，所以比较暗，如图2-497所示。

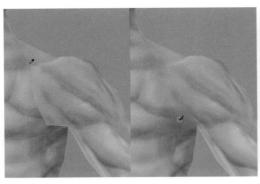

● 图2-496

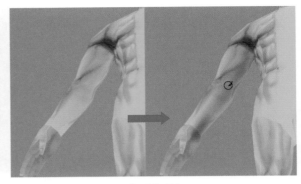

● 图2-497

绘制小臂内侧和手掌之间结构,如图2-498所示。
继续绘制手腕和手掌心的结构,去除腕部接缝,如图2-499所示。

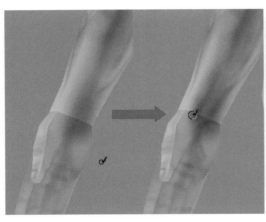

● 图2-498

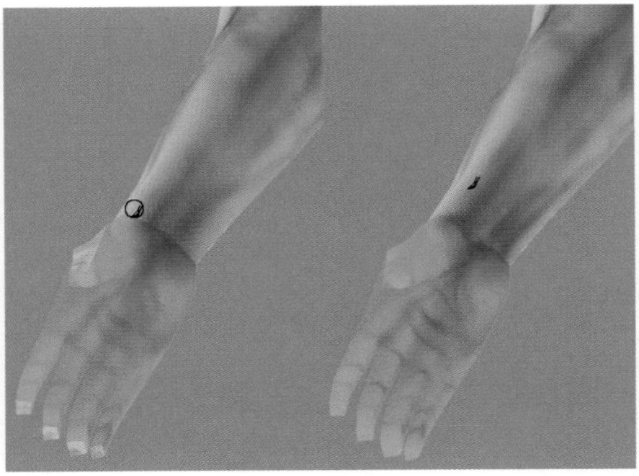

● 图2-499

处理手腕、手掌正面接缝并绘制出拇指指甲等细节,如图2-500所示。
加强手背细节,绘制出指甲,如图2-501所示。

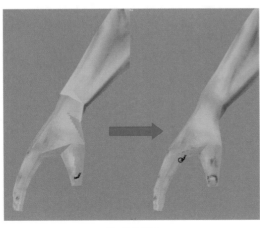

● 图2-500

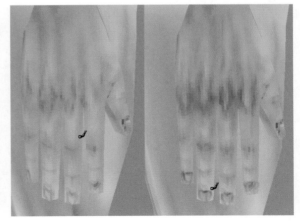

● 图2-501

消除手腕正面的接缝,绘制出细节,如图2-502所示。
消除手腕内侧接缝,深入刻画手心细节,如图2-503所示。

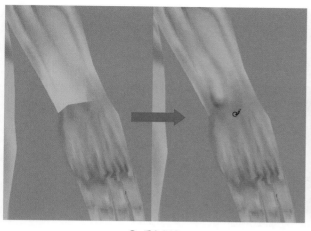

● 图2-502

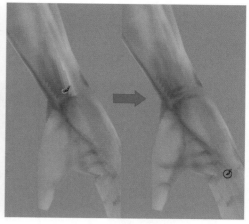

● 图2-503

现在给角色绘制短裤。在正面、背面大致地绘制一下短裤形状，如图2-504、图2-505所示。
在正面、背面绘制出短裤细节，特别是边缘的毛边部分，如图2-506、图2-507所示。

● 图2-504

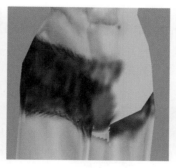

● 图2-505　● 图2-506

● 图2-507

保存贴图。在材质属性的贴图图标上点击鼠标右键，如图2-508所示。
选择"Texture"菜单下的"Save Texture as"命令，将贴图保存成后缀为".tga"格式。这种
格式为无损压缩格式，不支持图层。因为现在贴图已经基本绘制完成，所以就不需要保存成带图层
的格式了。如图2-509所示。
将BodyPaint3D模型文件保存，以便下次继续绘制，如图2-510所示。

● 图2-508

● 图2-509

● 图2-510

把保存好的贴图在Max中指定给模型，效果如图2-511所示。

渲染观察细节，查找没有处理完美的地方，如图2-512所示，发现脖子、耳朵及有些局部的接缝处理得不好。

重新回到BodyPaint3D软件中，处理好有问题的接缝，如图2-513所示。

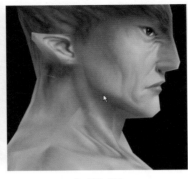
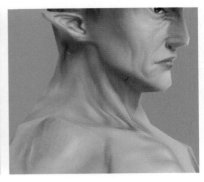

● 图2-511　　　　　　● 图2-512　　　　　　● 图2-513

2.6.5　处理绘制后的贴图

目的：使用Photoshop复制出头部和身体左边部分，完成贴图绘制。

保存贴图，在Photoshop里打开，同时打开原始的".psd"格式贴图，如图2-514所示。

将BodyPaint3D中绘制的贴图拖拽到psd贴图中，放置在UV图层面，命名为"图层5"，如图2-515所示。

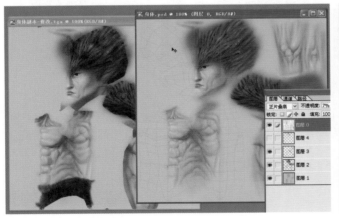

● 图2-514　　　　　　　　　　　　● 图2-515

利用涂抹工具在UV边缘部分涂抹，使边缘柔化，避免Max中细小接缝的出现。这一步骤是很重要的，一般容易被忽略，如图2-516所示。

● 图2-516

使用多边形套索工具仔细沿着头部贴图的中线位置选择，如图2-517所示。
复制头部选择的部分，并进行水平翻转，如图2-518所示。
移动水平翻转后的贴图，形成完整的头部贴图，如图2-519所示。

● 图2-517

● 图2-518

● 图2-519

在头部中线位置有轻微的接缝出现，通过绘制去掉五官中间的接缝，丰富鼻头、人中等细节，如图2-520所示。

处理额头的接缝，丰富额头的细节，如图2-521所示。

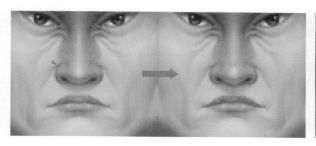

● 图2-520

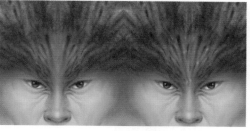

● 图2-521

使用多边形套索工具选择身体胸腹部的贴图，如图2-522所示。
复制并且水平翻转，使胸腹部贴图完整，如图2-523所示。
使用同样的方法复制后背部分的贴图，如图2-524所示。
使用同样的方法复制头部后面的贴图，如图2-525所示。

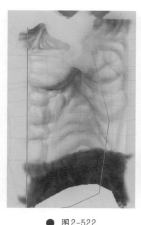

● 图2-522

● 图2-523

● 图2-524

● 图2-525

保存贴图，在Max中渲染观察贴图的效果，如图2-526所示。
再次将贴图导入到BodyPaint3D中，这次主要是处理后背中间的接缝和结构问题，如图2-527所示，身体贴图绘制工作完成。

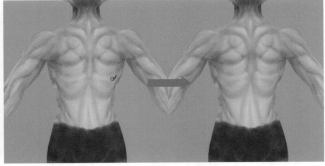

● 图2-526 ● 图2-527

◎ 对于左右相同的模型，贴图绘制时只需绘制一边，然后复制出另一边即可。使用BodyPaint3D绘制之后还需要在Photoshop中涂抹柔化边缘，不然在Max中会有细小接缝出现。

2.7 绘制盔甲贴图

本节概述：绘制贴图时皮肤、金属、布料的质感表现是重点，通过盔甲的绘制学习金属和布料的绘制方法。盔甲的绘制顺序和身体绘制的顺序相似。

①先在底色上运用加深减淡工具绘制出基本明暗结构。
②新建一层绘制细节结构。
③新建一层绘制高光。
④做最后的修改。复制对称的部分，绘制盔甲上的划痕，为布料部分覆盖纹理等。

2.7.1 象面甲的绘制

在PS中打开鹿角武士盔甲的UV图，先在PS中初步处理，为下一步绘制做好准备，具体步骤参考身体的UV处理，这里就不赘述了，如图2-528所示。

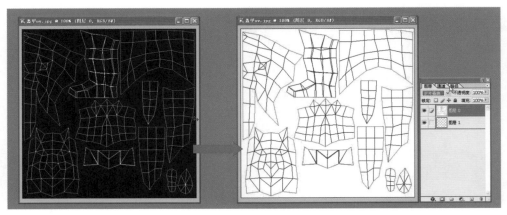

● 图2-528

在"图层0"（UV图层）下面建立一个新图层"图层1"，填充成灰色，如图2-529所示。

在"图层1"使用加深简单工具绘制出基本明暗，如图2-530所示。

在"图层1"上新建"图层2"，在"图层2"使用很细的笔尖绘制出象面甲的结构，不要绘制得太深，如图2-531所示。

绘制出细节的暗部，如图2-532所示。

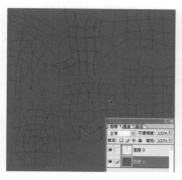
● 图2-529

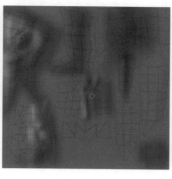
● 图2-530

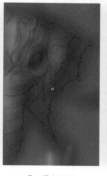
● 图2-531

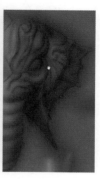
● 图2-532

在突出部分绘制出亮部，但不要绘制得过亮，如图2-533所示。

绘制细节暗部的时候要注意整体感，同样是凹陷的暗部，在象面甲的中间部分要略微浅，在侧面的暗部要略深。亮部通常都在突起的部分产生，在象面甲中间的部分由于受光较多，所以比侧面局部突起部分要亮。

继续更加深入地刻画细节明暗，关掉UV层获得更清晰的显示效果，将画笔大小缩小到两个像素左右大小，仔细刻画凹陷的缝隙，使结构更加明确清晰，如图2-534所示。

绘制细节的时候要避免画面发灰，只有使亮部真正的亮起来，暗部真正的暗下去，立体感才会很强，才不会使贴图贴到模型上显得很平。有些初学的朋友对于细节的刻画总是放不开，怕画错了，明暗对比不够强烈。这就需要胆大心细，敢于下笔，同时也要避免产生凌乱的笔触。

象面甲边缘分为两层，一层盖住另一层，所以在层叠的部分要绘制出阴影。由于两层盔甲距离比较近，所以阴影产生面积较小，也较深，如图2-535所示。

● 图2-533

● 图2-534

● 图2-535

在上层盔甲层叠的边缘绘制出厚度，如图2-536所示。

金属材质的特点是反光强烈，容易产生高光和反光，因此也就容易产生较重的敏感交界线。虽然肌肉绘制的时候也要注意高光、反光和明暗交界线，但质感远远不如金属强烈，但这恰恰也是皮肤不容易表现的地方，金属的这种特点要表现出来。

绘制出反光和明暗交界线，如图2-537所示。

在象面甲上绘制出一些明暗的凹凸，使盔甲看起来不会过分平整，如图2-538所示。

● 图2-536　　　　　　　　● 图2-537　　　　　　　　● 图2-538

在绘制了细节之后，发现象面甲整体的明暗对比有所降低。使用较大的笔触绘制，增强整体的立体感。绘制前后对比如图2-539所示。

接下来绘制大腿甲，在"图层2"上使用较小的笔触绘制出细节结构，如图2-540所示。

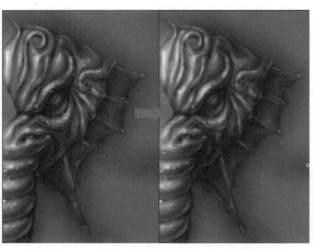 

● 图2-539　　　　　　　　　　　　　　　　● 图2-540

◎　绘制时要特别注意金属的高光和皮肤的高光是有区别的。**皮肤的高光处是亮度、纯度较高的皮肤颜色，但金属的高光是白色。**

2.7.2　大腿甲和腰围甲的绘制

在"图层3"中按照"图层2"的结构绘制出细节的暗部，如图2-541所示。

绘制出细节的亮度，如图2-542所示。

盔甲亮部产生的位置要掌握好。一般在凸出的位置容易产生高光，在折边和尖角的部分也很容易产生高光。

继续加强细节绘制。加深凹陷的缝隙，明确绘制出结构的边缘。绘制盔甲边缘的厚度及划痕。如图2-543所示。

在亮部绘制一些高光点，如图2-544所示。

绘制金属上的凹凸，增强金属陈旧的质感，如图2-545所示。

● 图2-541　　　● 图2-542　　　● 图2-543　　　● 图2-544　　　● 图2-545

绘制护腕甲。在"图层2"中使用较小笔触绘制出护腕甲结构，如图2-546所示。

在"图层3"中绘制出细节的暗部，注意甲片之间层叠产生的阴影，如图2-547所示。

绘制出细节的亮部，在折边处绘制高光，如图2-548所示。

加强绘制使边缘明确，并用较大笔触绘制增强整体明暗，如图2-549所示。

绘制靴子盔甲。在"图层2"中绘制细节结构，如图2-550所示。

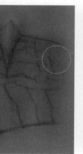    

● 图2-546　　　● 图2-547　　　● 图2-548　　　● 图2-549　　　● 图2-550

2.7.3 靴子的绘制

绘制出细节的暗部，要注意甲片之间层叠产生的阴影，如图2-551所示。

在靴子前面、后背面绘制出亮部，如图2-552所示。

 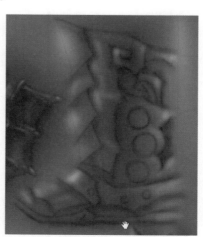

● 图2-551　　　　　　　　　　　● 图2-552

绘制甲片边缘的厚度，如图2-553所示。
深入绘制边缘厚度和甲片叠加的阴影，如图2-554所示。

● 图2-553

● 图2-554

绘制脚部细节，在脚面绘制花纹，如图2-555所示。
精细绘制靴子细节，并且在靴子中间位置加深，增强整体感，如图2-556所示。

● 图2-555

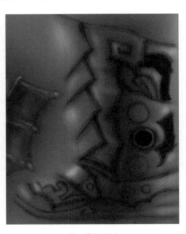

● 图2-556

在前面甲片叠加边缘绘制出高光点，如图2-557所示。
在转折处和甲片尖角部位绘制出全部的高光点，如图2-558所示。

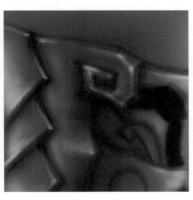

● 图2-557

● 图2-558

加强局部明暗交界线的绘制，至此完成靴子的整体绘制，如图2-559所示。

绘制大腿甲下面叠加的甲片，在"图层2"中绘制出细节结构，如图2-560所示。

● 图2-559

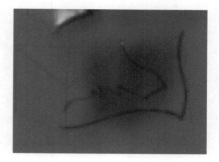

● 图2-560

2.7.4 其他盔甲的绘制

绘制出大腿甲片的厚度，如图2-561所示。

绘制出亮部，注意整体感，如图2-562所示。

● 图2-561

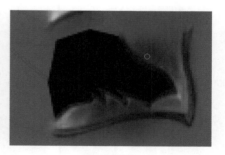

● 图2-562

在"图层2"中绘制腰围甲结构，如图2-563所示。

在图层3中，加深凹陷部分，绘制甲片层叠的阴影，如图2-564所示。

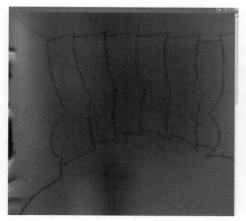

● 图2-563

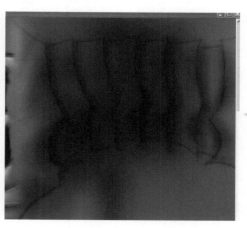

● 图2-564

绘制甲片边缘的厚度，如图2-565所示。

在突起部分和折边处绘制高光。可以在腰围甲周围建立选区，以免绘制到相邻的盔甲部分，如图2-566所示。

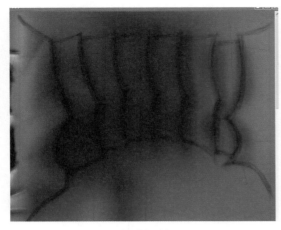

● 图2-565

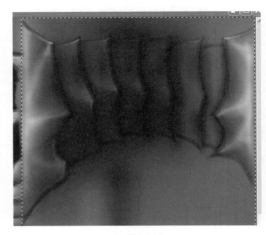

● 图2-566

绘制象牙部分，在"图层2"中绘制细节结构，如图2-567所示。

绘制整体明暗和甲片叠加的阴影，如图2-568所示。

绘制高光和反光部分，如图2-569所示。

在甲片折边和尖角部分绘制高光点，如图2-570所示。

绘制鞋底和靴子闭合面。这两部分结构都比较简单，简单绘制即可，如图2-571所示。

● 图2-567

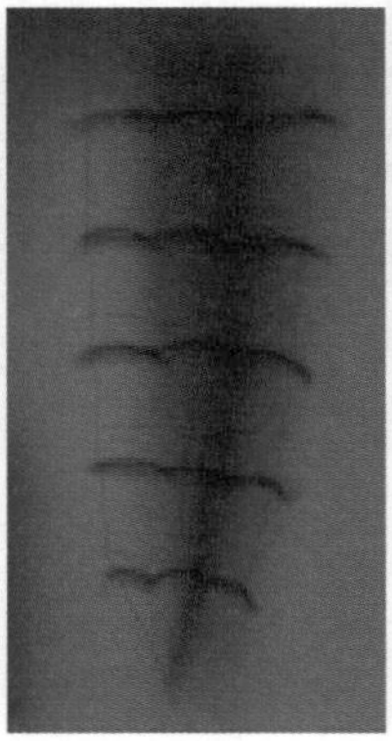

● 图2-568

● 图2-569

● 图2-570

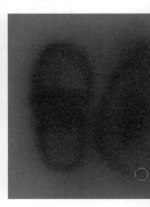

● 图2-571

2.7.5 布料的绘制

目的：掌握布料的绘制方法和布料纹理的制作。

绘制布料的部分，先用多边形套索工具选择布料的UV部分，如图2-572所示。

新建"图层4"，填充成深赭石颜色，如图2-573所示。

使用加深工具描绘布料上的褶皱，如图2-574所示。

加深布料边缘部分，使布料在UV内部形成不规则的边缘，如图2-575所示。

● 图2-572

● 图2-573

● 图2-574

● 图2-575

使用减淡工具绘制亮部，注意不要绘制出明亮的高光，如图2-576所示。

用同样的方法绘制出另一块布料，使两块布料的褶皱和边缘产生变化，如图2-577所示。

现在需要给布料叠加纹理。可以从网络上查找相应的纹理照片，然后叠加到布料上面，也可以使用Photoshop自己制作纹理。现在我们就使用滤镜来制作一下布料纹理。

新建"图层6"，填充成和布料相似的赭石色，执行"滤镜"—"渲染"—"纤维"，如图2-578所示。

在弹出的面板中将强度参数调高，按随机化按钮几次，得到一种均匀的效果，如图2-579所示。

● 图2-576

● 图2-577

● 图2-578

● 图2-579

确定之后得到很多紧密的垂直纹理，如图2-580所示。

"图层6"复制为"图层6副本"，不透明度改成50%左右，如图2-581所示。

将"图层6"和"图层6副本"合并成"图层6"，缩小至刚好能覆盖布料，如图2-582所示。

● 图2-580

● 图2-581

● 图2-582

将布料纹理之外的部分删除，如图2-583所示。

将"图层6"叠加模式改成叠加，不透明度设置在30%左右，效果如图2-584所示。

现在对盔甲贴图做最后的处理，对需要复制的部分进行复制操作，并处理复制后的接缝。绘制一些划痕，添加细微颜色等。

对大腿甲进行复制操作。打开UV图层的显示，使用多边形套索工具仔细沿着中线选择右边部分，如图2-585所示。

● 图2-583

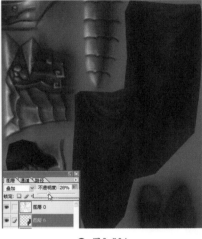
● 图2-584

● 图2-585

◎ 使用Photoshop纤维化滤镜制作出的布料纹理比较接近粗糙的棉布纹理，如果需要其他布料类型可以叠加相应纹理。

2.7.6 复制对称部分

隐藏UV图层，按键盘的"Ctrl+Shift+C"键，复制所有可见图层。然后按"Ctrl+V"键粘贴，将复制部分粘贴到新图层并水平翻转，如图2-586所示。

显示UV图层，将复制后的贴图放置到左边对齐，如图2-587所示。

● 图2-586

● 图2-587

用橡皮擦工具擦除贴图中间的部分，使接缝不明显，如图2-588所示。
在中间接缝处绘制细节。在鼻梁处绘制一条划痕，如图2-589所示。

● 图2-588

● 图2-589

使用同样的方法复制大腿甲下边的小甲片，如图2-590所示。
在中间位置绘制高光，去除接缝，如图2-591所示。

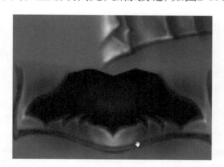

● 图2-590

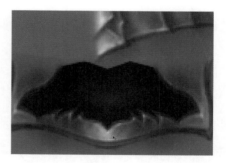

● 图2-591

复制护腕甲左边部分，如图2-592所示。
绘制中间的接缝部分，加强中间高光，如图2-593所示。
使用多边形套索工具选择靴子上凹洞的部分，如图2-594所示。
复制出另外两个，擦除下边缘，如图2-595所示。

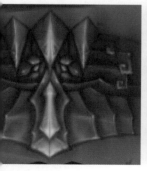

● 图2-592

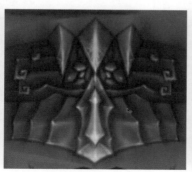

● 图2-593

● 图2-594

● 图2-595

2.7.7 绘制宝石

现在要绘制象面甲头部的两块宝石。先填充宝石颜色，如图2-596所示。
用加深工具加深宝石暗部，使用白色绘制高光，如图2-597所示。
在宝石和盔甲相接的部分绘制，如图2-598所示。

● 图2-596   ● 图2-597   ● 图2-598

2.7.8 绘制金属颜色

目的：现在盔甲细节已经全部绘制完成了，但由于盔甲只有金属颜色，显得比较单调，需要加入一些颜色来丰富盔甲的色调。颜色的添加方法有很多种，颜色可以根据角色特点来指定。一般可以在受光部分添加暖色，暗部添加冷色。

新建图层命名为"Color"，在盔甲亮部使用暗红色浅浅地绘制，如图2-599所示。
使用暗蓝色，在暗部浅浅绘制，如图2-600所示。

● 图2-599   ● 图2-600

2.7.9 完成贴图绘制

目的：现在所有的绘制部分已经完成，最后要做两个处理：加强贴图的明暗对比度；进行锐化操作，增加细节清晰度。

按键盘"Ctrl+A"键，将画面全选。然后按键盘的"Ctrl+Shift+C"复制所有可见图层，按"Ctrl+V"键将复制部分粘贴到新图层。

选择"图像"—"调整"—"亮度对比度"，将对比度调整到+25左右，亮度不变，如图2-601所示。

选择"滤镜"—"锐化"—"USM锐化"，将数量调整到90%左右，保持其他参数不变，如图2-602所示。

 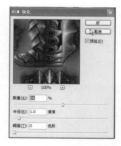

● 图2-601　　　　　　　　　　　　　　● 图2-602

◎ 在贴图绘制最后通常都要做增加对比度和锐化的操作。对比度要适当增加，过大会减小亮部和暗部的细节。锐化有很多种，一般采用USM锐化，这种是智能锐化，可以控制强度，但强度过大会产生杂点。

2.7.10 按照贴图微调模型

目的：在贴图绘制好之后，需要根据贴图的位置调整大腿甲和靴子上的尖刺位置。

将绘制好的贴图保存，在Max中给盔甲指定模型，如图2-603所示。

渲染细节部分，可以看到盔甲的边缘还比较生硬，没有按照贴图的绘制产生自然的变化，如图2-604所示。

● 图2-603　　　　　　　　　　　　● 图2-604

现在要在模型中按照贴图的位置调整模型。在靴子侧面,按照凹洞的位置调整三个尖刺,使尖刺的根部插在凹洞的位置,如图2-605所示。

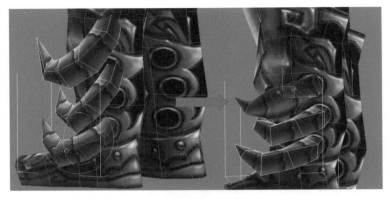

● 图2-605

调整大腿甲上两个尖刺的位置,如图2-606所示。

给尖刺添加"Symmetry"命令,复制出左边部分,如图2-607所示。

选择盔甲模型,使用"Attach"命令将尖刺部分结合进来,形成整体。

● 图2-606

● 图2-607

2.7.11 制作透明贴图

目的:制作透明贴图使盔甲和布料边缘产生透明效果。

在Photoshop中制作透明贴图。打开盔甲贴图,新建"图层12",放置在UV层下面,使用纯白色填充,然后将不透明度设置成50%,如图2-608所示。

使用多边形套索工具,仔细的选择盔甲边缘,填充成黑色,如图2-609所示。

● 图2-608

● 图2-609

使用同样的方法处理大腿甲的边缘，如图2-610所示。

处理所有盔甲边缘和布料的边缘部分，使布料边缘形成破损的效果，如图2-611所示。

将"图层12"不透明度调整到100%，隐藏UV层，保存成".tga"格式，如图2-612所示。

● 图2-610

● 图2-611

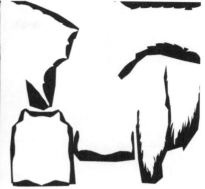

● 图2-612

在Max中找到盔甲的材质，在"Opacity"通道里指定刚才保存的图像，如图2-613所示。

再次渲染观察效果，可以看到甲片边缘已经有了很好的效果，透明贴图产生了作用，如图2-614所示。

● 图2-613

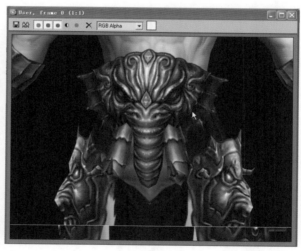

● 图2-614

翼火蛇模型制作

●本章概述●

　　本章将完成翼火蛇的模型制作，这个例子比鹿角武士难度大，采用了次世代的游戏制作方法，增加了法线贴图和高光贴图的应用，涉及到了ZBrush3.1的应用。

3.1 翼火蛇身体基础模型制作

3.1.1 使用Makehuman0.9制作模型

　　本节概述：本节的建模制作并不是制作出翼火蛇最后要使用的低模模型，而是为在下节中在ZBrush绘制精细模型做的准备，身体最后要使用的模型需要在Max中根据ZBrush中绘制出来的精细模型再次制作。

　　先来观察一下模型的原画，如图3-1所示。可以看到这个角色的特点比较鲜明，身体上肌肉骨骼的形态鲜明，皮肤粗糙，这样的怪物类角色是很适合结合ZBrush使用法线贴图来表现的。

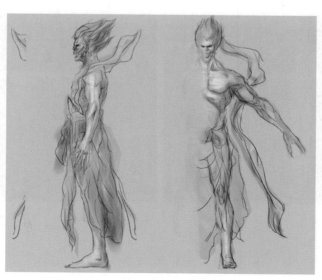

● 图3-1

在这章中主要是做一个身体的基础模型，为下一章中ZBrush的加工做准备。其实也是没有必要完全靠手工制作基础模型的，现在有很多软件都可以直接生成人物模型，我们要做的工作只是修改。可能会有初学的朋友有疑问：为什么不先在Max中制作好低模的模型，然后导入到ZBrush中绘制细节呢？这样似乎是一种比较合理的流程，但得到的效果往往不尽如人意。在低模制作的时候是不避讳三角面的，而导入ZBrush中的模型最好都是四边面，三角面的部分效果会很差，超过四个边的面效果也不理想，所以不能采用将低模导入ZBrush的方法。最好的方法是先制作一个全部采用四边面结构的模型，导入ZBrush中进行加工，然后将加工后的模型导入到Max中作为参考，制作出低模然后得到法线贴图。

可以生成人体模型的软件有很多，比较著名的有Poser等。笔者给大家介绍一款免费的小软件：Makehuman0.9，这个软件虽然只是个试用版，但功能仍然很强大，并且易学易用。在网络上很容易找到这款软件，安装后再启动，如图3-2所示。

现在就来介绍一下这个软件的使用方法，并同时调整角色的形态。使用鼠标左键，可以对模型进行旋转操作，使用键盘上的加号和减号键对模型进行放大或者缩小，使用方向键来上下左右的移动模型。在软件界面的左边，是几个体型的设置，可以使用这几个按钮来快速地调节体型，比如说使肩膀加宽，腿部加长等，如图3-3所示。

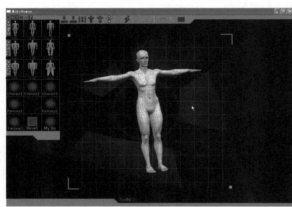

● 图3-2　　　　　　　　　　　　　　　● 图3-3

由于翼火蛇是一个强壮的角色，而初始的模型比较瘦弱，初步调整之后如图3-4所示。

在体型设置下面是一些软件准备好的头部设定，可以通过这些设定来快速得到一些特定的头部形态，如图3-5所示。

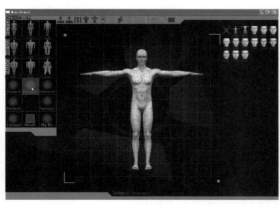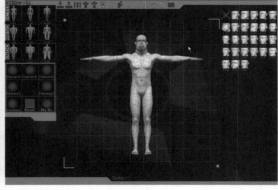

● 图3-4　　　　　　　　　　　　　　　● 图3-5

使用加号键将模型放大，以便精细地调节头部形态，如图3-6所示。

点击精细调节按钮，可以看到左边出现了可供调节的部位，如图3-7所示。

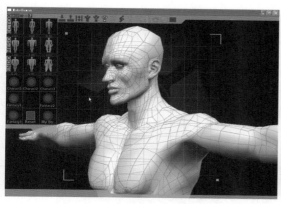
● 图3-6

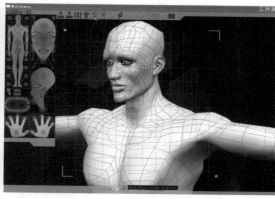
● 图3-7

先从鼻子开始来调整五官。选择左图中的鼻子，在软件右边出现了很多鼻子的形态，如图3-8所示。

通过调节使鼻梁升高，鼻翼向上，如图3-9所示。

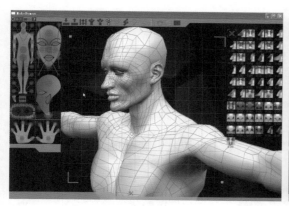
● 图3-8

● 图3-9

五官只需要大致地调整，因为一些精细地调整还需放到Max、ZBrush中。

点击另一个精细调节按钮，可以发现仍然有很多的部位可供调节。这两种细节调节模式的区别是第一种是比较正常的体态，第二种调节的是一些怪异的形态，如图3-10所示。

调节嘴唇的造型，使牙齿外露，如图3-11所示。

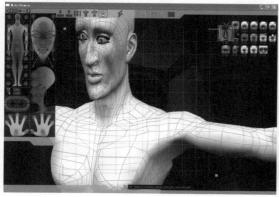
● 图3-10

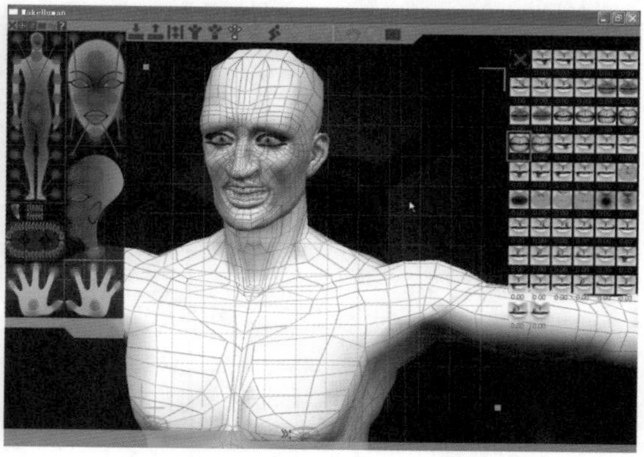

● 图3-11

调节不需要太深入，点击导出模型按钮，如图3-12所示。

软件会提示当前的模型已经保存到了如图3-13所示的目录下。

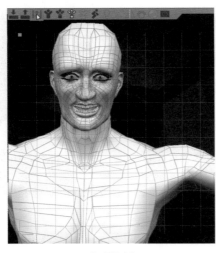

● 图3-12　　　　　　　　　　　　　　　● 图3-13

3.1.2 导入Max进行修改

目的：需要在Max中对生成的模型进行修改，删除不需要或者不合适的部分，同时制作出原来模型没有的结构，比如头部的角，使模型能正确地导入ZBrush进行下一步制作。并且按照翼火蛇的三视图修改模型的形状，使模型能以正确的结构和比例进入ZBrush中进行深入加工。在Max中调整的时候注意面的大小要均匀，不然在ZBrush中绘制的时候会精度不一致。

打开Max，导入刚才制作的模型，如图3-14所示。

可以发现由于软件轴向的不统一，导入后的模型是"爬"着而不是"站"着的，使用旋转工具并打开角度锁定，选择模型，如图3-15所示。

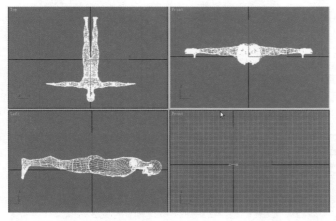

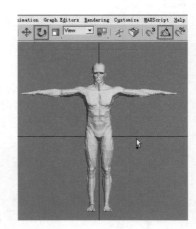

● 图3-14　　　　　　　　　　　　　　　● 图3-15

新建一个Plane物体，赋予翼火蛇三视图，如图3-16所示。

将角色模型放大到与参考图中人物同样大小，主要将头部和身体对齐，如图3-17所示。

模型经过较大的放缩之后往往重新设定单位，因为在Max中模型放缩之后单位还会保持原来大小不变，并不会自动更新。选择角色模型，在工具面板中选择"Reset XForm"工具，点击"Reset Selected"按钮，如图3-18所示。

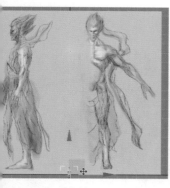

● 图3-16

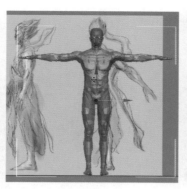

● 图3-17

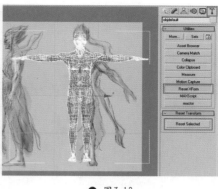

● 图3-18

　　点击修改面板，可以看到现在模型上新增加了一个"XForm"修改命令，如图3-19所示。

　　将模型转换成"Poly"，将头部放大观察，可以看到现在角色有很多的细节，包括睫毛、牙齿、眼球等，如图3-20所示。

　　这个角色是不需要睫毛的，因此可以把睫毛删除。把眼球也删除，眼球部分稍后要重新制作，同时删除牙齿和舌头，如图3-21所示。

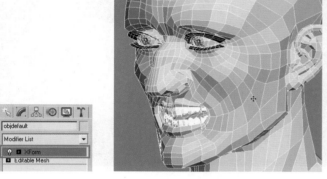

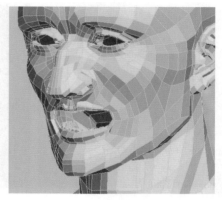

● 图3-19

● 图3-20

● 图3-21

　　将模型左边部分仔细删除，如图3-22所示。

　　给模型添加"Symmetry"命令，复制出左边模型，如图3-23所示。

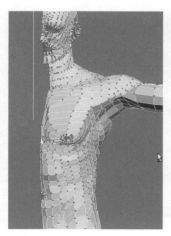

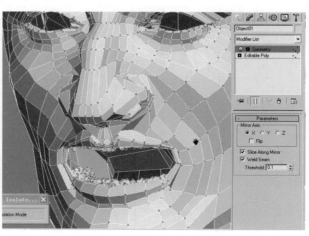

● 图3-22

● 图3-23

对鼻尖布线不均匀的部分加以调整，如图3-24所示。
删除口腔内的部分，如图3-25所示。

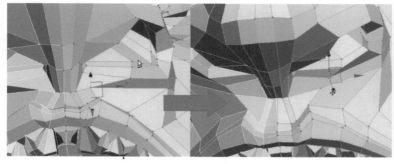

● 图3-24

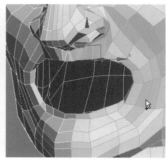

● 图3-25

在侧面调整嘴角的部分，使嘴角上翘，如图3-26所示。
选择嘴边的开放边，按住"Shift"键的同时移动复制，生成口腔内部的面，如图3-27所示。
调整口腔内新生成的面，如图3-28所示。

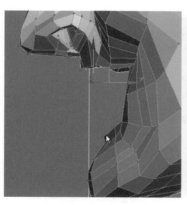

● 图3-26

● 图3-27

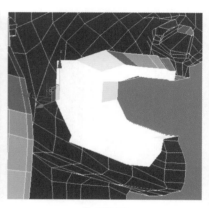

● 图3-28

现在胳膊是水平的，按照背景的角度旋转胳膊，如图3-29所示。
在侧面调整头部位置，如图3-30所示。

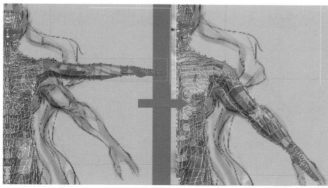

 图3-29

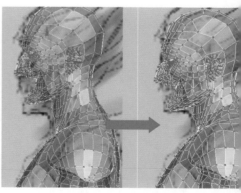

● 图3-30

在侧面调整后背结构,如图3-31所示。
调整锁骨和胸部结构,使胸部更加饱满,如图3-32所示。

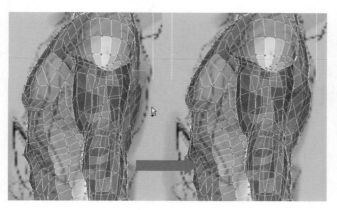

● 图3-31　　　　　　　　　　● 图3-32

调整腿部长度,如图3-33所示。
在正面参考背景图将腿部旋转,如图3-34所示。

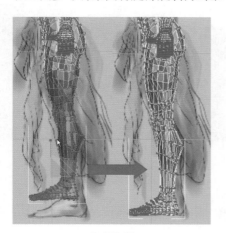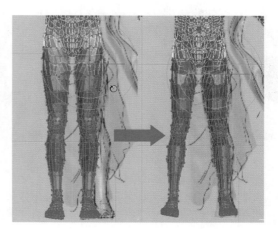

● 图3-33　　　　　　　　　　● 图3-34

现在模型手部还比较小,放大手部模型,如图3-35所示。
按照参考图调整腋下结构,突出背阔肌的表现,如图3-36所示。

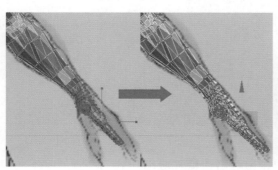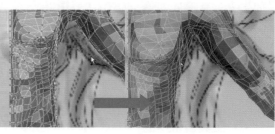

● 图3-35　　　　　　　　　　● 图3-36

现在要在头部上制作出两个角。修正面部的布线，然后选择两个面挤出，如图3-37所示。

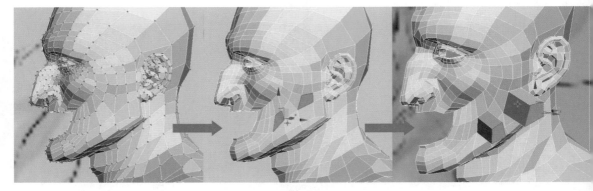

● 图3-37

调整角的结构和形状，如图3-38所示。

需要制作出头发的部分，修正头顶的布线，形成头发形状，如图3-39所示。

由于头顶点的移动，现在生成的面较大，进行加线处理，如图3-40所示。

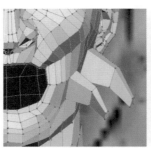
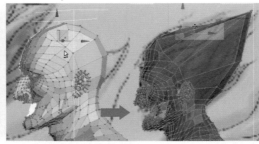
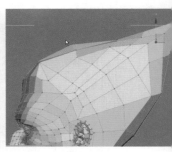

● 图3-38   ● 图3-39   ● 图3-40

调整布线，使布线均匀，如图3-41所示。

调整拇指方向，使手部保持自然形态，如图3-42所示。

将模型导出成".obj"格式的文件，"Faces"模式选择"Polygons"，如图3-43所示。

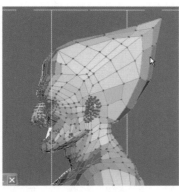
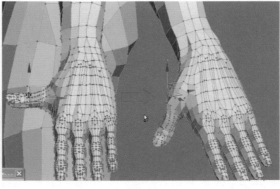

● 图3-41   ● 图3-42   ● 图3-43

◎ 工具面板中的"Reset XForm"工具可以重设模型边框和模型尺寸。

3.2 使用ZBrush加工翼火蛇身体基础模型

本节概述：ZBrush3.1是ZBrush的最近版本，有着强大的功能，在次世代游戏模型制作流程中有着很重要的作用。本章结合翼火蛇身体的精细雕刻学习ZBrush的功能。

3.2.1 ZBrush3.1基本功能介绍

目的：掌握ZBrush3.1的基本功能，并将身体基础模型导入ZBrush3.1中，为精细雕刻做准备。

本节将使用ZBrush对上节中制作的基础模型细致刻画，使用的软件版本是ZBrush3.1。在软件的开始界面中选择"Import an OBJ File"命令（导入".obj"格式文件），如图3-44所示。

找到刚才保存好的基础身体模型，如图3-45所示。

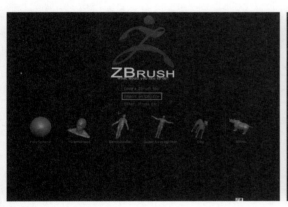

● 图3-44　　　　　　　　　　　　　　● 图3-45

先来认识一下ZBrush3.1的界面，如图3-46所示。

(1) 菜单；

(2) 笔刷类型和材质类型的选择；

(3) 基本工具；

(4) 视图控制工具；

(5) 常用工具；

(6) 操作区。

ZBrush的功能非常多，对于游戏制作来说没有必要掌握所有的功能，熟练掌握基本功能就可以满足我们的制作要求了。学习软件都要考虑一个性价比的问题，只要熟练掌握够用的功能就可以，多利用时间提高美术基础，不然软件掌握再全面也无法制作出出色的作品。

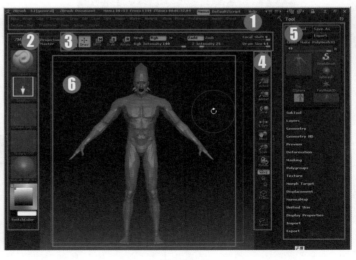

● 图3-46

移动、放缩、旋转操作

使用视图控制工具可以对模型进行移动、放缩、旋转操作,如图3-47所示。

先来学习一下视图操作的快捷键。

移动:"Alt+鼠标左键"可以实现视图移动。

放缩:按住"Alt"键在操作区点击鼠标左键,松开"Alt"键,就可以对视图实现放缩操作。

选择:在视图区模型外的区域点击鼠标左键。

全部显示模型:按住"Alt"键的同时在视图区空白处双击。

其中放缩的快捷键比较复杂,但通过几次练习就可以熟练掌握。

视图切换操作

ZBrush中并没有像Max一样有标准的视图切换功能,没有切换到正视图、侧视图和顶视图的快捷键,但在旋转的时候可以按住"Shift"键来切换到最相似的视图,比如视图在接近侧面的时候按住"Shift"键,就可以使模型切换到侧视图。如图3-48所示。

隐藏显示部分模型

隐藏部分模型:同时按住"Shift+Ctrl"键,使用鼠标左键框选模型,没有被选择的部分会隐藏。

显示模型:同时按住"Shift+Ctrl"键,使用鼠标在屏幕空白处单击,可以显示出全部模型。

绘制模型

鼠标移动到模型上的时候会自动切换成笔刷,默认的笔触效果是向外凸出,同时按住"Alt"键绘画是向内凹陷。同时按住"Shift"键绘画可以临时切换光滑笔刷,实现光滑效果。

笔刷控制

笔刷轻重可以通过"Z Intensity"调节,笔刷大小可以通过"Draw Size"调节,如图3-49所示。

笔刷大小也可以使用键盘上的"["、"]"控制,这个快捷键的使用功能和Photoshop是一样的。

界面左上角的笔刷类型按钮可以选择不同的笔刷类型和绘制方式,如图3-50所示。

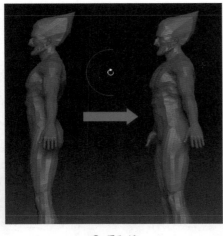

● 图3-47   ● 图3-48   ● 图3-49

对称绘制

绘制的时候点击x、y、z按钮,可以在绘制的时候左右对称同时绘制。再次点击x、y、z按钮,可以取消对称效果。

对于刚导入的模型,需要使用细分命令增加模型面数。在常用工具区点击"Geometry"选项,打开参数面板,点击"Divide"命令,实现模型细分,如图3-51所示。

点击几次细分命令后,可以使用"Lower Res"和"Highter Res"按钮在不同细分级别之间进行切换,如图3-52所示。

使用三次细分命令,使模型光滑,如图3-53所示。

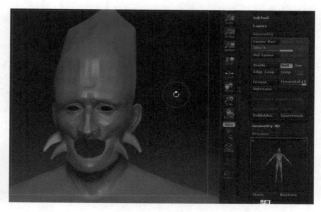

● 图3-50 ● 图3-51 ● 图3-52 ● 图3-53

◎ 要熟练掌握细分的方法,以及切换不同细分级别的方法。细分级别不应该太高,不然会影响运行速度。

3.2.2 雕刻头部细节

目的:掌握拖拽笔刷和标准笔刷的使用方法,调整头部细节形状并雕刻出细节。

同时按住"Shift+Ctrl"键,使用鼠标左键框选头部模型,隐藏身体的其他部分,如图3-54所示。

点击笔刷类型按钮,可以看到有很多笔刷可供选择。选择"SnakeHook(拖拽)"笔刷,如图3-55所示。

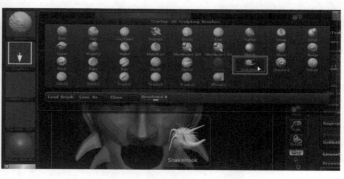

● 图3-54 ● 图3-55

使用"SnakeHook"笔刷对模型形状进行微调,将笔刷强度设置到70左右,在正面对模型头部进行微调,如图3-56所示。

在侧面调整耳朵结构,拉长耳朵下端的部分,如图3-57所示。

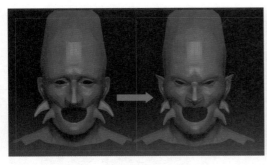

● 图3-56

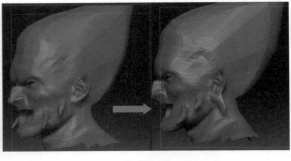

● 图3-57

在侧面调整面部五官结构，如图3-58所示。

在正面调整嘴部和下巴的形状，如图3-59所示。

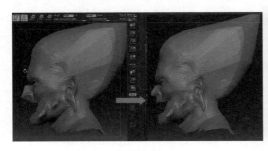

● 图3-58

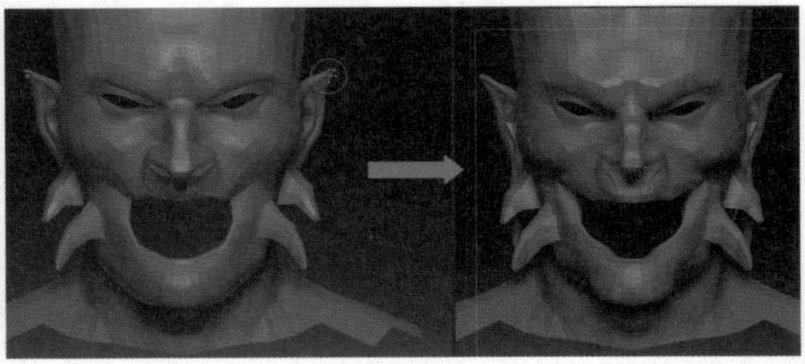

● 图3-59

在正面微调鼻尖和眼角的形状，如图3-60所示。

将笔刷类型设定为"Standard（标准）"笔刷，如图3-61所示。

● 图3-60

● 图3-61

将细分级别设定为2，如图3-62所示。

将笔刷强度设定为35，使用较小的笔触，绘制出面部的褶皱，如图3-63所示。

● 图3-62

● 图3-63

在侧面对腮部和脖子部位绘制褶皱，如图3-64所示。

现在绘制牙齿部分，先在下面嘴唇内部绘制出牙龈的突起，如图3-65所示。

将笔刷切换到拖拽笔刷，将下面牙齿拖拽出来，如图3-66所示。

 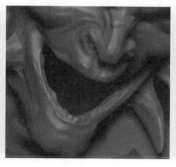 

● 图3-64　　　　　　　　　● 图3-65　　　　　　　　　● 图3-66

使用标准笔刷，绘制出上面牙齿的突起，如图3-67所示。

将笔刷切换到拖拽笔刷，将上面牙齿拖拽出来，如图3-68所示。

切换到标准笔刷，绘制牙齿周围牙龈的突起，并且在下巴绘制出凹凸细节，如图3-69所示。

● 图3-67　　　　　　　　　● 图3-68　　　　　　　　　● 图3-69

使用较小笔触，在眼尾部分绘制出鱼尾纹，如图3-70所示。

绘制出头发根部的形态及头发的大致纹理，如图3-71所示。

将细分基本设定为3，使用较小笔触绘制面部细小的褶皱，如图3-72所示。

● 图3-70　　　　　　● 图3-71　　　　　　● 图3-72

在侧面绘制出头发的纹理，如图3-73所示。
绘制脖子后面的褶皱，如图3-74所示。
使用更加细小的笔触在面部绘制褶皱，如图3-75所示。
绘制额头细小褶皱，如图3-76所示。

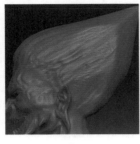 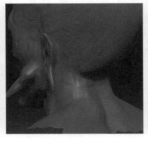  

● 图3-73　　　　　　　● 图3-74　　　　　　　● 图3-75　　　　　　　● 图3-76

◎　在ZBrush3.1中使用拖拽笔刷调整模型形状是非常方便的，所以基础模型一些局部的形状不准确可以放到ZBrush3.1中调整，比在Max中调整效率高很多，但不宜调整的幅度过大。先在较低细分级别雕刻出大的结构，然后逐渐加高细分级别雕刻出精细的细节。

3.2.3　雕刻身体细节

目的：调整身体形状并雕刻出身体细节结构。

按"Ctrl+Shift"同时在空白处点击鼠标左键，显示出模型身体，如图3-77所示。
将细分设定为1，使用拖拽笔触，设置较大的笔刷，调整肩膀和腋下的肌肉结构，如图3-78所示。

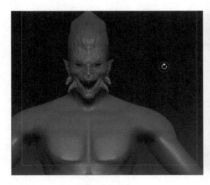 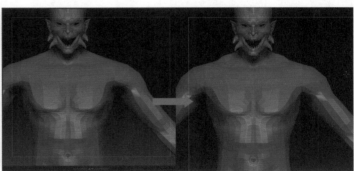

● 图3-77　　　　　　　　　　　　　　● 图3-78

使用标准笔刷绘制胸腹部肌肉结构，如图3-79所示。
将细分设定为3，继续绘制肌肉结构，如图3-80所示。

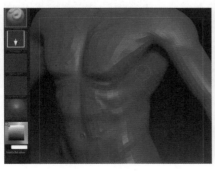 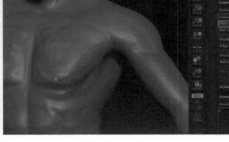

● 图3-79　　　　　　　　　　　　● 图3-80

绘制出脖子根和锁骨的结构,如图3-81所示。
在侧面绘制出肩膀的三角肌结构,如图3-82所示。
在背面绘制出大臂的肱三头肌,如图3-83所示。
在正面绘制出胳膊肌肉结构,如图3-84所示。

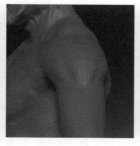
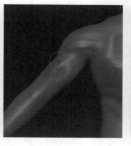
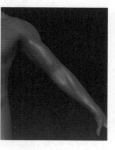

● 图3-81
● 图3-82
● 图3-83
● 图3-84

绘制出胳膊侧面肌肉结构,如图3-85所示。
绘制出手背骨骼突起细节,如图3-86所示。
绘制出大腿内侧肌肉结构,如图3-87所示。
绘制出大腿外侧肌肉结构,如图3-88所示。

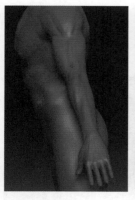
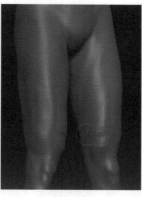

● 图3-85
● 图3-86
● 图3-87
● 图3-88

绘制出大腿后部肌肉细节,如图3-89所示。
绘制膝盖内侧肌肉结构,如图3-90所示。
绘制膝盖外侧肌肉结构,如图3-91所示。
绘制小腿外侧肌肉结构,如图3-92所示。

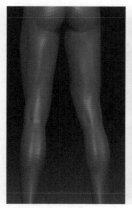
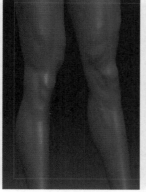
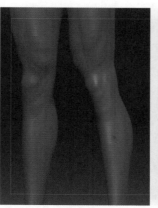
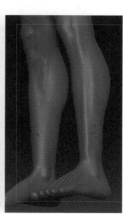

● 图3-89
● 图3-90
● 图3-91
● 图3-92

绘制小腿后面肌肉结构，如图3-93所示。
绘制脚部背面结构，如图3-94所示。
绘制脚部内侧结构，如图3-95所示。

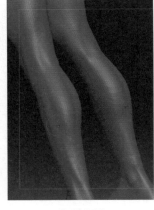 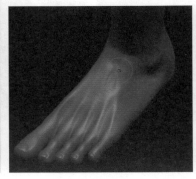 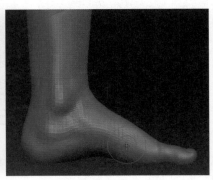

● 图3-93   ● 图3-94   ● 图3-95

刚才使用较大笔触初步绘制身体各个部分细节，现在使用较小笔触精细绘制身体结构。绘制出身体胸腹部细节，加强腹部肌肉结构的塑造，如图3-96所示。
在身体侧面绘制出前锯肌肌肉结构，如图3-97所示。
绘制出后腰部肌肉结构，如图3-98所示。
绘制出肩胛骨肌肉结构，如图3-99所示。

  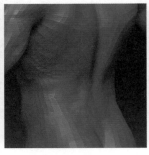 

● 图3-96   ● 图3-97   ● 图3-98   ● 图3-99

绘制出肩膀三角肌肌肉结构，如图3-100所示。
调整膝盖结构，如图3-101所示。
只显示腿部，使用拖拽笔触，在侧面调整腿部形状，如图3-102所示。

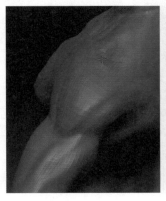 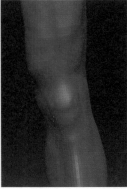  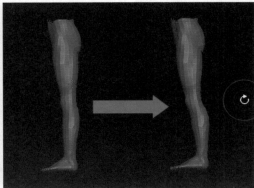

● 图3-100   ● 图3-101   ● 图3-102

将细分精度设为4, 描绘手心纹理, 如图3-103所示。
细致刻画膝盖后面肌肉结构, 如图3-104所示。
使用拖拽笔刷指甲拉长, 如图3-105所示。

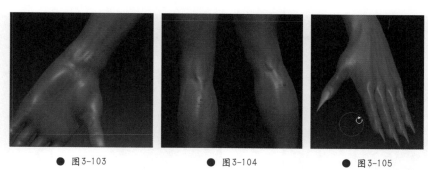

● 图3-103　　　　　● 图3-104　　　　　● 图3-105

绘制出拇指关节和指甲上的细节, 如图3-106所示。
绘制出脚趾内侧关节和脚心细节, 如图3-107所示。
拉长脚趾甲并绘制趾甲和关节细节, 如图3-108所示。

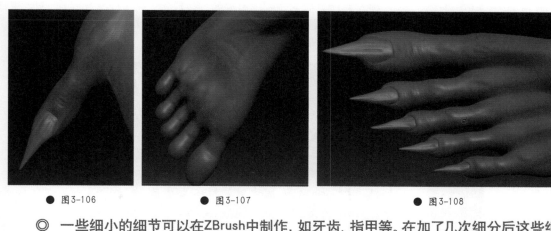

● 图3-106　　　　　● 图3-107　　　　　● 图3-108

◎　一些细小的细节可以在ZBrush中制作, 如牙齿、指甲等。在加了几次细分后这些细节的制作是很容易的, 比在Max中制作效率要高很多。

3.2.4 雕刻出血管, 毛发和皮肤纹理

目的: 绘制出血管和毛发等细节, 完成身体的雕刻。

绘制脚背血管, 如图3-109所示。
绘制手背部血管, 如图3-110所示。

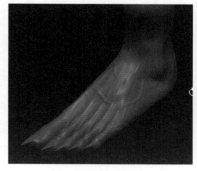
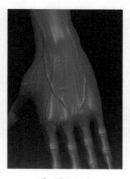

● 图3-109　　　　　　● 图3-110

在手臂内侧绘制血管, 如图3-111所示。
在手臂前面绘制血管, 如图3-112所示。
在手臂外侧绘制血管, 如图3-113所示。

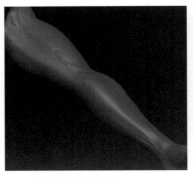
● 图3-111

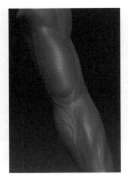
● 图3-112

● 图3-113

◎ **突出的血管大多在四肢上, 要注意血管形状和粗细的变化。**

已经绘制出了身体的结构, 现在要在身体上绘制出粗糙的皮肤纹理。选择标准笔刷, 绘制方式选择"DragRect (拖动效果)", 如图3-114所示。

在笔触类型中选择一种类似于龟裂的纹理, 如图3-115所示。

● 图3-114

● 图3-115

使用"DragRect"绘制方法, 可以在模型身上使用拖动的方式绘制出纹理。将强度设为25, 在肩膀绘制, 如图3-116所示。

在后背绘制出纹理, 如图3-117所示。

在手臂背面绘制出纹理, 如图3-118所示。

● 图3-116

● 图3-117

● 图3-118

在小腿部外侧绘制纹理，如图3-119所示。
在大腿部外侧绘制纹理，如图3-120所示。
在面部额头和颧骨位置绘制纹理，如图3-121所示。

● 图3-119

● 图3-120

● 图3-121

◎ **选择粗糙的皮肤纹理，使用拖动方式绘制，就可以快速地得到很好的皮肤纹理。**

选择标准笔触，绘画方式选择"Freehand（自由绘画）"方式，笔尖类型选择一种杂点笔尖，如图3-122所示。

将笔刷强度设为15，使用较大笔刷绘制出毛发的细节，如图3-123所示。

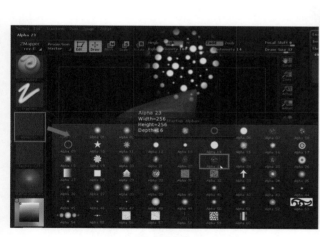

● 图3-122

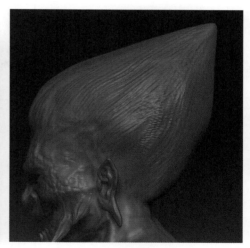

● 图3-123

◎ **ZBrush在对称绘制的过程中，往往会产生左右不完全一致的情况，因为都是在右侧进行的绘制，所以左侧局部可能会不准确，需要再将右侧的部分准确复制到左侧。**

按住"Ctrl"键的同时框选右边模型部分，如图3-124所示。

在"Deformation（变形）"选项中选择"Smart Resym（智能镜像）"按钮，如图3-125所示。

经过计算，模型两边已经完全对称了。

为了方便以后的编辑，点击"Save As"命令，将模型保存成ZBrush的笔刷类型，如图3-126所示。

现在就可以把模型导出成".obj"格式文件，然后在Max中进入下一节的制作。

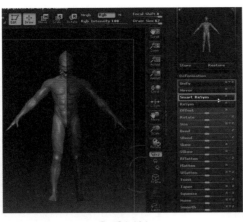

● 图3-124

● 图3-125

● 图3-126

◎ ZBrush这个软件比较特殊，如果使用"Export"命令将模型导出，得到的只是一个按照当前细分精度的模型，不能再进行精度之间的切换。所以要想在以后继续编辑修改，必须要保存成ZBrush的笔刷格式，后缀名为".ztl"。

3.3 低模身体制作

本节概述：在进行模型制作的时候不需要总是从基础模型做起，如果已经有了相近的模型，可以通过修改得到新的模型，无形中提高了很大的效率。因此这节中将通过修改鹿角武士的身体模型得到翼火蛇的身体模型。

3.3.1 导入鹿角武士身体模型并修改

目的：由于鹿角武士的制作要求和翼火蛇不同，翼火蛇需要更多的面数来表现细节，所以要先增加鹿角武士的面数。

在上节中使用ZBrush制作了翼火蛇身体精细模型，先将导出的模型导入到Max中。由于导出的模型面数巨大，达到了将近200万面，编者的机器只是入门级的双核，导入后速度很慢，因此删除了一半的身体，只留下右边身体模型。

将鹿角武士身体模型也导入到Max中，如图3-127所示。

隐藏高模模型，单独显示鹿角武士身体模型，如图3-128所示。

鹿角武士胳膊一圈是六个面，需要增加成八个面。在手臂外侧加线，如图3-129所示。

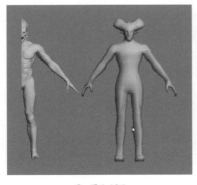

● 图3-127

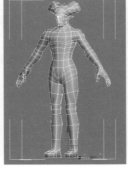

● 图3-128

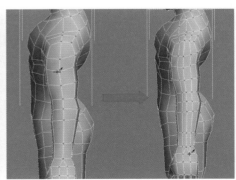

● 图3-129

笑傲次世代

高／级／游／戏／角／色／3D／制／作／宝／典

将胳膊上的面调整均匀，如图3-130所示。
现在身体只有8个面，需要增加到10个面，在身体前侧加线，如图3-131所示。

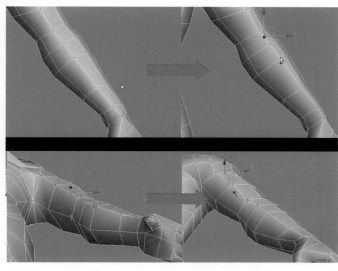

● 图3-130

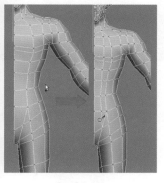

● 图3-131

调整身体后背的布线，留出加线的位置，如图3-132所示。
对身体后背加线处理，如图3-133所示。
调整身体下端的布线，使布线均匀，如图3-134所示。

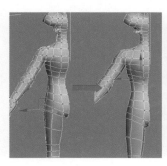

● 图3-132

● 图3-133

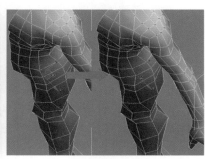

● 图3-134

增加腿部布线。先在腿部外侧加线处理，如图3-135所示。
增加腿部内侧的面，如图3-136所示。
调整布线使腿部布线均匀，如图3-137所示。

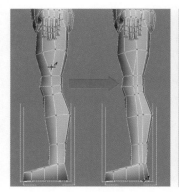

● 图3-135

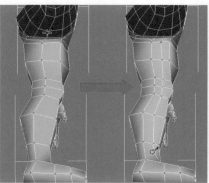

● 图3-136

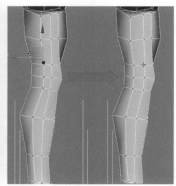

● 图3-137

已经对身体和四肢进行了加线处理，现在要对身体其他部分进行加线处理，增加模型细节。

在模型脖子根部进行加线处理，如图3-138所示。

调整锁骨处布线凌乱的部分，如图3-139所示。

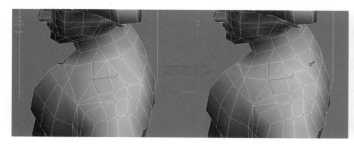

● 图3-138

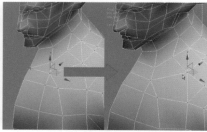

● 图3-139

现在需要修改眼睛的布线。和鹿角武士不同，翼火蛇需要制作出眼球的完整结构。删除眼睛里的面，选择眼眶的面向内移动复制出新的面，并塌陷最内侧的点，如图3-140所示。

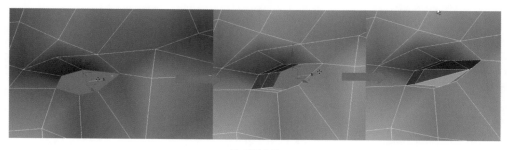

● 图3-140

◎ 鹿角武士胳膊一圈的面是6个了，需要增加到8个；身体半圈是6个，也需要增加到8个。

3.3.2 根据高模修改低模模型

目的：已经初步完成了模型的加线处理，现在要将低模模型和高模模型放置在一起，根据高模模型来修改低模模型，进行布线的增加和结构的精细调节。由于翼火蛇可以使用较多的面，所以在一些细节部分，尤其是五官可以使用较多的面，比如鼻孔、牙齿等细节都可以制作出来，制作时要一直注意面的大小均匀。

将低模模型和高模模型放置到一起，如图3-141所示。

为了方便操作将低模模型使用半透明显示。先大致调整低模形状使之和高模模型相匹配，调整头部和腿部，如图3-142所示。

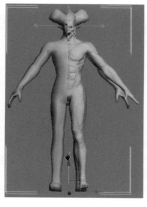

● 图3-141

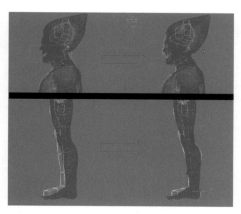

● 图3-142

调整脚部，如图3-143所示。
调整腹部，如图3-144所示。

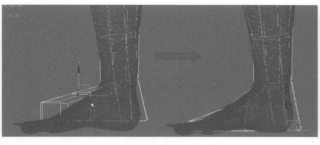

● 图3-143

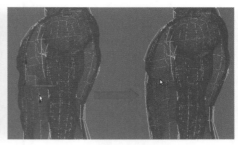

● 图3-144

原来头上的鹿角部分已经不需要了，进行删除整理，如图3-145所示。
显示出高模模型，在侧面调整头顶形状，如图3-146所示。

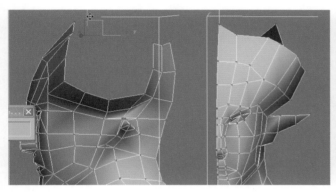

● 图3-145

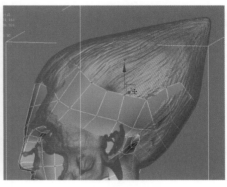

● 图3-146

增加头顶上的面，修正使之和高模匹配，如图3-147所示。
增加额头的面，调整使之匹配高模，如图3-148所示。

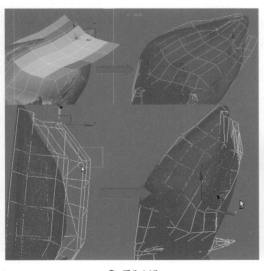

● 图3-147

● 图3-148

调整胳膊形状，如图3-149所示。
调整手部形状，如图3-150所示。

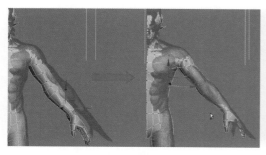

● 图3-149

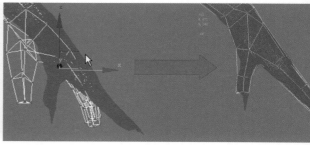

● 图3-150

调整眼睛形态，如图3-151所示。
增加眼睛布线，如图3-152所示。

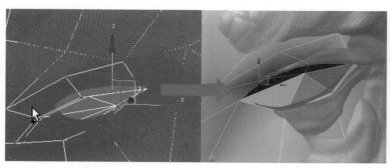

● 图3-151

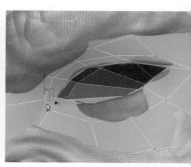

● 图3-152

调整鼻子和嘴部形态，如图3-153所示。
增加鼻子的面，调整结构，如图3-154所示。
制作鼻孔，如图3-155所示。

● 图3-153

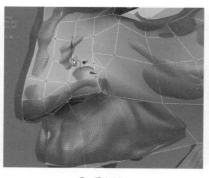

● 图3-154

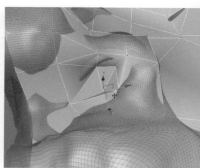

● 图3-155

删除嘴部的面，准备下一步进行牙齿的制作，如图3-156所示。
增加嘴部的布线，如图3-157所示。
制作出口腔内部的面，如图3-158所示。

● 图3-156

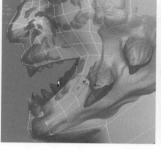
● 图3-157

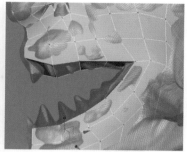
● 图3-158

在上颌增加布线，为制作牙齿做准备，如图3-159所示。
挤出牙齿，如图3-160所示。

● 图3-159

● 图3-160

塌陷挤出的面，调整牙齿位置，如图3-161所示。
使用同样方法制作出下面牙齿，如图3-162所示。

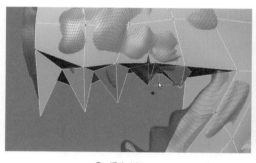
● 图3-161

● 图3-162

修整脸部侧面布线，如图3-163所示。
制作出上方的角，如图3-164所示。

● 图3-163

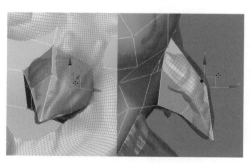
● 图3-164

制作出下方的角,如图3-165所示。
调整腮部布线和结构,如图3-166所示。

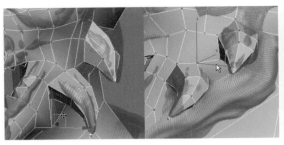

● 图3-165

● 图3-166

调整耳朵布线,制作出耳朵,如图3-167所示。
整理头部后面布线,如图3-168所示。
调整额头布线,如图3-169所示。

● 图3-167

● 图3-168

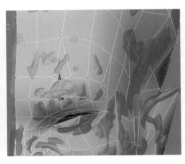

● 图3-169

调整脖子布线,如图3-170所示。

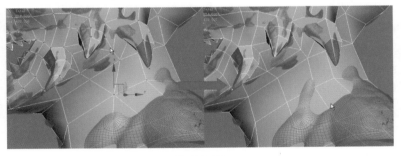

● 图3-170

调整下巴下面的布线,如图3-171所示。
调整脖子前方布线,如图3-172所示。

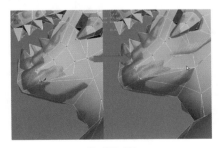

● 图3-171

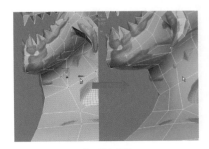

● 图3-172

调整肩膀布线，如图3-173所示。
调整腰腹部布线，如图3-174所示。

● 图3-173

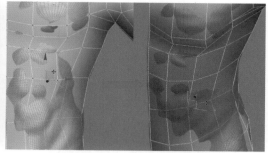

● 图3-174

调整腿部形态，如图3-175所示。
仔细调整大臂和小臂形态，如图3-176所示。
调整手部形态，如图3-177所示。

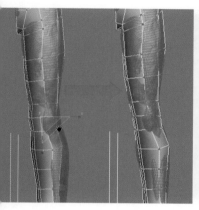

● 图3-175

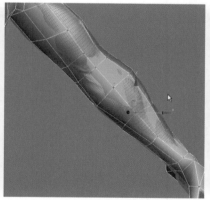

● 图3-176

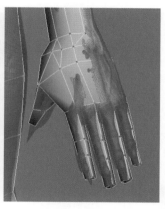

● 图3-177

增加手部细节，制作出指甲，如图3-178所示。
调整胸部布线，如图3-179所示。
调整臀部布线和形态，如图3-180所示。

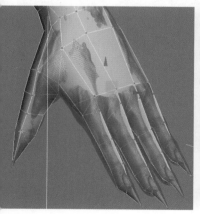

● 图3-178

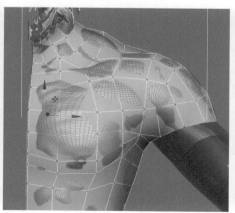

● 图3-179

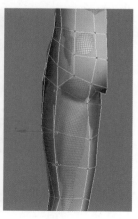

● 图3-180

增加脚部布线，如图3-181所示。
制作出大脚趾，如图3-182所示。

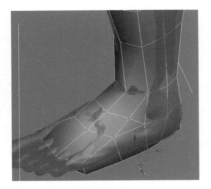

● 图3-181

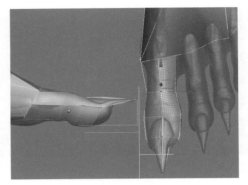

● 图3-182

复制出其他四根脚趾，如图3-183所示。
将脚趾和脚掌焊接，并修正脚面和脚心布线，如图3-184所示。

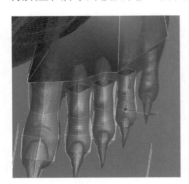

● 图3-183

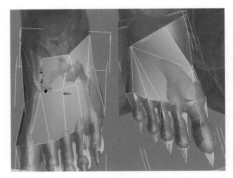

● 图3-184

制作出口腔内部的面，并进行闭合，如图3-185所示。
隐藏高模模型，对模型进行仔细微调。渲染模型，如图3-186所示。

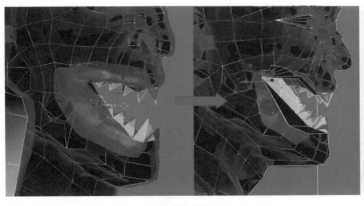

● 图3-185

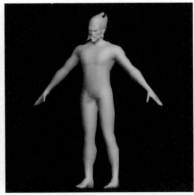

● 图3-186

◎ 将高模和低模重叠到一起时需要将高模以半透明显示，以方便观察。低模模型尽量和高模模型相一致，才能在制作法线贴图时取得良好的效果。

3.4 身体模型展UV

　　本节概述：本节来展开身体的UV。翼火蛇的身体模型展开过程和鹿角武士非常相似，使用的技术也是相同的，不同的就是面数稍微多些，多了些结构，比如牙齿、口腔等。

3.4.1 展开头部的角和耳朵

　　目的：由于头部细节较多，没有办法放在一起展开，所以先将一些细节单独展开，入角、耳朵、口腔等。

　　选择头部上的一个角，使用快速平面展开方式展开，如图3-187所示。
　　选择另一个角，同样使用快速平面展开方式展开，如图3-188所示。

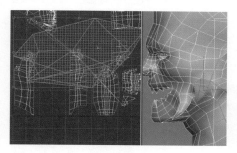

● 图3-187

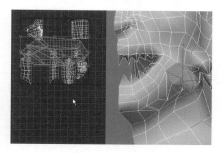

● 图3-188

　　选择口腔内部的面，使用快速平面展开方式展开，如图3-189所示。
　　选择耳朵的面，使用快速平面展开方式展开，如图3-190所示。

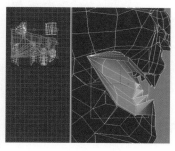

● 图3-189

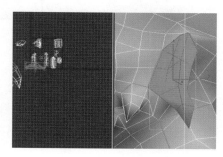

● 图3-190

　　整理刚才拆开的头上几个小块UV。先参考模型上的棋盘格整理耳朵部分，如图3-191所示。
　　选择角部的面，将下端的一条线拆开，作为接缝，使用放松工具展开，如图3-192所示。

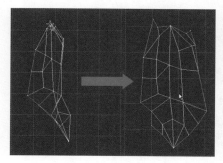

● 图3-191

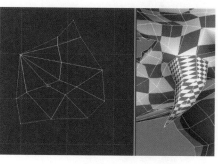

● 图3-192

根据棋盘格修正UV，如图3-193所示。

使用同样的方法展开另一只角的UV，如图3-194所示。

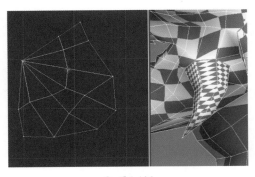

● 图3-193

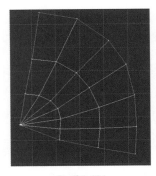

● 图3-194

选择口腔内部UV，使用放松命令进行几次计算，如图3-195所示。

手动修整UV，如图3-196所示。

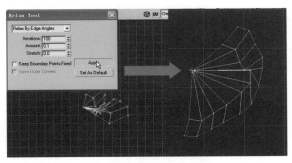

● 图3-195

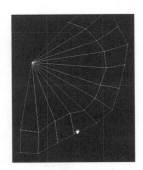

● 图3-196

3.4.2 展开头部UV

目的：展开头部UV的时候要注意头发的展开方式，不能将头发单独展开，因为这样会在头发和头部产生接缝，所以要将头发和头部一起展开。

选择面部的面，包括牙齿的面，注意不要漏选眼睛和鼻孔内部的面，然后使用快速平面展开如图3-197所示。

选择头发和头部背面的面，仍然使用快速平面展开方式展开，放置在面部UV旁边，如图3-198所示。

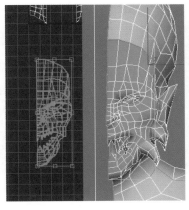

● 图3-197

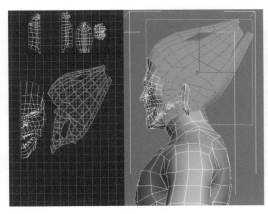

● 图3-198

将两块UV焊接到一起，注意焊接的点要选择正确，如图3-199所示。
将鼻孔部位交叠在一起的UV点调整好，如图3-200所示。

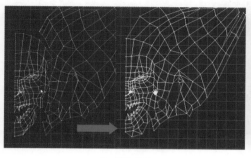

● 图3-199

● 图3-200

将牙齿部位交叠在一起的UV点调整好，如图3-201所示。
这样调整牙齿部分会有一定的拉伸，如果要消除牙齿UV的拉伸就必须把牙齿拆分下来，这样就会在牙齿根部产生接缝。在进行UV调节的时候就会经常遇到在接缝与拉伸之间进行取舍，要尽量使接缝和UV拉伸都控制在最小限度。像牙齿这种没有很多细节的部位，就可以适当使用UV拉伸，但避免接缝产生。
调整下颚部分UV，如图3-202所示。

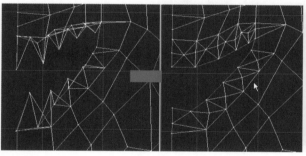

● 图3-201

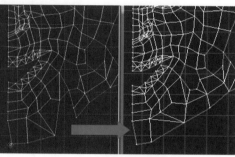

● 图3-202

调整头发部分交叠的UV，如图3-203所示。
对比头部棋盘格的显示，进行UV微调，如图3-204所示。

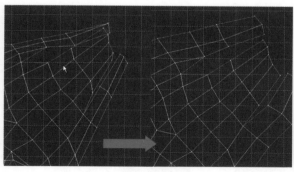

● 图3-203

● 图3-204

3.4.3 展开身体UV

选择身体前面的面，使用快速平面展开。用同样的方式展开身体背面的面，如图3-205所示。
翻转身体正面UV，如图3-206所示。
将模型两部分的身体UV焊接到一起，然后调整身体侧面UV，如图3-207所示。

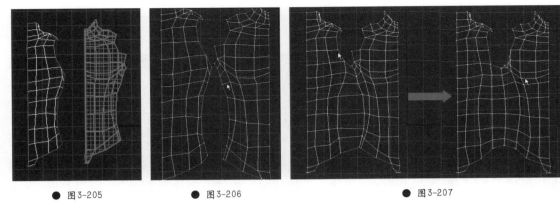

● 图3-205　　　　　● 图3-206　　　　　　　● 图3-207

将脖子处交叠的UV整理平整，如图3-208所示。

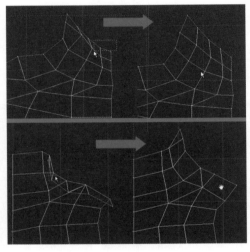

● 图3-208

3.4.4　展开手臂UV

查看一下胳膊的UV。由于模型是由鹿角武士修改而成，原来的胳膊已经有了展好的UV，所以胳膊的UV并不很乱，如图3-209所示。

选择胳膊UV，使用几次放松命令，如图3-210所示。

按照模型上棋盘格的显示，调整胳膊UV，如图3-211所示。

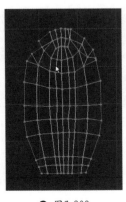
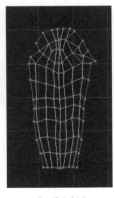
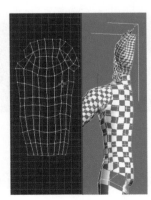

● 图3-209　　　　　● 图3-210　　　　　● 图3-211

将手心和手面的UV分别使用快速平面展开方式展开，展开的轴向选择"Averaged Normals（平均法线）"方式，如图3-212所示。

使用焊接命令焊接手心、手背的UV，并调节手指位置交叠的UV，完成手部UV展开，如图3-213所示。

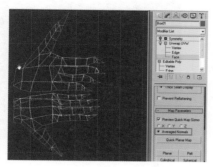

● 图3-212

● 图3-213

3.4.5　展开腿部UV

现在要对腿部UV进行展开。腿部和胳膊不同，胳膊因为只进行了加线处理，所以UV基本还保持不变，而腿部修改得比较多，所以UV有所改变，需要重新展开。

腿部的UV展开仍然是使用"Pelt"方式，先需要使用"Point To Point Seam"功能设置腿根部、脚腕部的接缝，如图3-214所示。

在腿部内侧设置接缝，如图3-215所示。

选择腿部上任意一个面，点击"Exp.Face Sel To Pelt Seams"按钮，选中腿部所有的面，如图3-216所示。

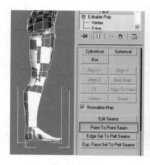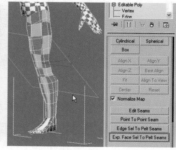

● 图3-214　　　　● 图3-215　　　　● 图3-216

现在使用"Pelt"方式展开腿部UV，得到腿部的展开效果，如图3-217所示。

（1）点击"Pelt"按钮；

（2）点击"Edit Pelt Map"按钮；

（3）点击"Simulate Pelt Pulling"按钮进行结算。

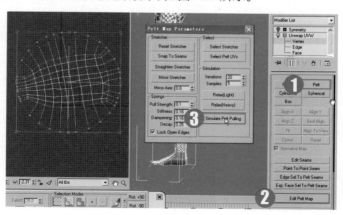

● 图3-217

选择脚底的面，使用快速平面展开，并用同样的方式展开脚背和脚侧的面，如图3-218所示。
将脚部侧面的UV和脚部的UV焊接在一起，调整拉伸后如图3-219所示。

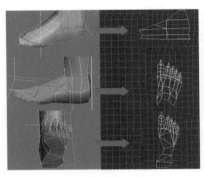

● 图3-218

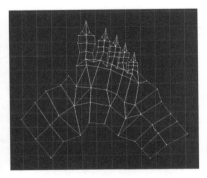

● 图3-219

3.4.6 整理展开的UV

现在各部分UV之间的比例不统一，参考身体棋盘格的显示，将UV比例调节一致，如图3-220所示。

现在要塌陷"Symmetry（镜像）"命令和"Unwrap UVW"命令，使模型左右两边成为一个整体，如图3-221所示。

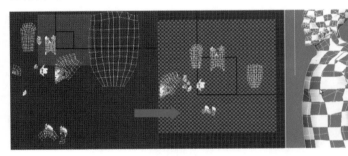

● 图3-220

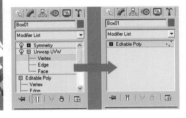

● 图3-221

◎ 模型在开始展UV的时候最好不要塌陷"Symmetry"命令，不然需要左右两边都分别展开，而且不容易使两边的展开完全相同。在模型一半完全展开之后，再合并模型的左右两边，然后再次调整UV，这是一种高效稳妥的方法。模型左右两边合并之后，必然会在模型中间产生一些废点、废面或者没有焊接到一起的点，必须要进行检测调整。

检查模型中间的点，处理没有合并在一起的部分，如图3-222所示。
检查模型中间的废点，进行处理，如图3-223所示。
调整好废点、废面选择所有的点，点击鼠标右键，打开"Weld Vevtices"参数调节面板，保持默认参数，点击确定，如图3-224所示。

● 图3-222

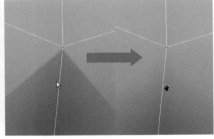

● 图3-223

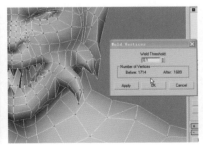

● 图3-224

调整好模型之后，要再次调整模型UV。

将头部重叠在一起的两块UV分开，对左侧的UV进行水平翻转，如图3-225所示。

将头部两块UV中间部位焊接到一起，形成一块整体，如图3-226所示。

● 图3-225

● 图3-226

使用同样的方法将身体左右两边的UV放置到一起，如图3-227所示。

将UV左边后背的部分分离出去，翻转后放置到UV右边，如图3-228所示。

● 图3-227

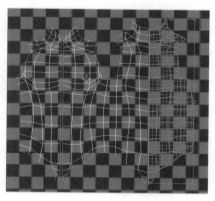

● 图3-228

将身体各部分焊接到一起成为一个整体，如图3-229所示。

左右两边的胳膊、腿部和脚部因为没有相接的部分，所以可以重叠在一起。将各个部分的UV都调整到竖直的角度，按照正确的比例放缩，放置到蓝色的方框之内，如图3-230所示。

在UV修改面板中选择"Tools"菜单中的"Render UVS"命令，尺寸选择1024×1024，进行UV的渲染。将渲染出的UV网格图进行保存，保存成".jpg"格式，如图3-231所示。

● 图3-229

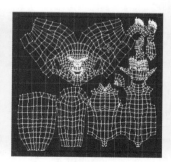

● 图3-230

● 图3-231

3.5 制作身体法线贴图

本节概述：在本节中要通过Max的烘焙功能制作出法线贴图。

3.5.1 制作法线贴图

目的：渲染出法线贴图，学习Max中的烘焙功能。

在Max中显示出高模和低模身体模型，如图3-232所示。

因为低模模型是参照高模模型制作出的，所有不存在对齐的问题。如果是分别制作的，需要仔细对齐，不然烘焙出的法线贴图会有问题。

选择低模模型，点击键盘上的"0"键，打开烘焙面板，如图3-233所示。

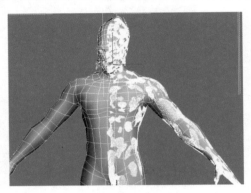

● 图3-232

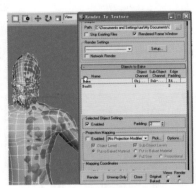

● 图3-233

现在高模和低模还没有建立关联关系，需要先使高模和低模建立关联。在"Projection Mapping"选项中勾选"Enabled"，点击"Pick"按钮，在弹出的面板中拾取高模模型，点击"Add"确定，如图3-234所示。

可以看到现在低模模型外边有一圈蓝色边框包围住了高模模型，这就表示低模和高模模型建立了关联，如图3-235所示。

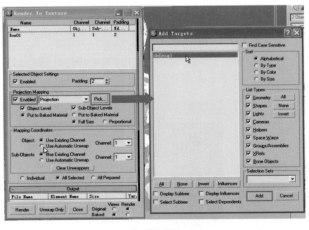

● 图3-234

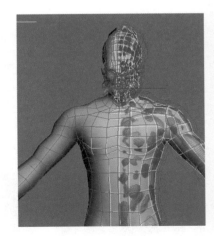

● 图3-235

在"Mapping Coordinates（贴图指定）"选项中选择"Use Existing Channel（使用已有通道）"方式，如图3-236所示。

在"Output"面板中点击"Add"按钮，打开指定贴图类型面板，选择"NormalsMap（法线贴图）"选项，点击"Add Elements"按钮，将法线贴图添加进来，如图3-237所示。

将渲染尺寸设置为1024×1024，点击渲染按钮，开始渲染，如图3-238所示。

● 图3-236　　　　　● 图3-237　　　　　● 图3-238

　　得到渲染效果,但要注意的是现在显示的并不是真正的法线贴图效果,如图3-239所示。

　　在渲染路径里找到渲染好的法线贴图,可以看到真正的法线贴图是一张以蓝紫色为主的图片,如图3-240所示。

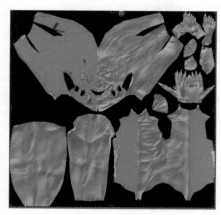

● 图3-239　　　　　　　　　　　　　● 图3-240

　　可以观察到法线贴图中有大片的红色部分,红色在法线贴图中表示有错误的地方,这是因为高模模型只有一半,可以在Photoshop中通过修改得到正确的贴图。

　　给低模模型指定一个材质,点击"Bump(凹凸)"通道的"None"按钮,打开贴图类型面板,找到"Normal Bump(法线凹凸)",如图3-241所示。

　　点击"Normal"旁边按钮,指定刚才渲染好的法线贴图,如图3-242所示。

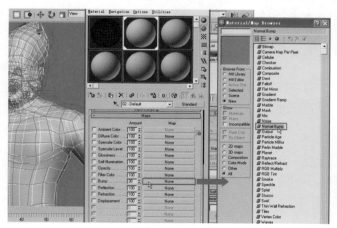

● 图3-241　　　　　　　　　　　　　● 图3-242

渲染模型，再关掉法线贴图渲染，对比效果，可以看到右边添加了法线贴图的模型有明显的细节，如图3-243所示。

现在法线贴图的强度还不是特别大，可以将"Bump"的参数由30调节到50，增加模型细节强度，如图3-244所示。

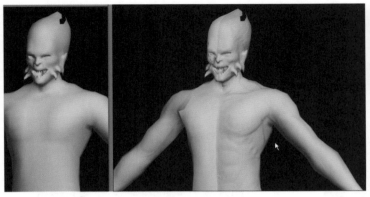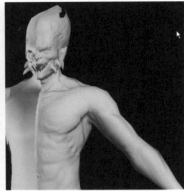

● 图3-243　　　　　　　　　　　　　　　　　　● 图3-244

◎ Max中的烘焙功能可以渲染出准确的法线贴图，在烘焙面板中要特别注意Mapping Coordinates的选项，不要使用默认的自动展开。本实例中没有使用ZBrush制作法线贴图，因为ZBrush中加工的模型并不是最终要得到的低模模型。在影视制作时使用的高模模型可以直接在ZBrush中雕刻并制作法线贴图。

3.5.2　在Photoshop中修改渲染出的法线贴图

现在需要在Photoshop中修改法线贴图，复制头部和身体的另外部分。将身体UV在Photoshop打开，翻转颜色，叠加方式设为正片叠底方式，如图3-245所示。

复制出头部右边部分，水平翻转，如图3-246所示。

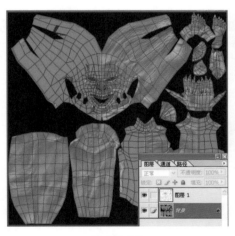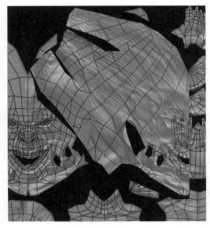

● 图3-245　　　　　　　　　　　　　　　　　　● 图3-246

将复制出的左边头部仔细对位，如图3-247所示。
同样的方法复制出左边的胸腹部，如图3-248所示。
复制出右侧的后背部分，如图3-249所示。

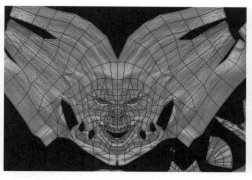

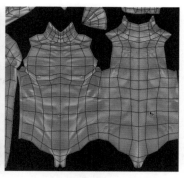

● 图3-247　　　　　　　　● 图3-248　　　　　　　　● 图3-249

使用涂抹工具修改手部错误的部分，如图3-250所示。

法线贴图已经处理完成，删除UV层。合并所有的图层，只剩下背景图层，如图3-251所示。

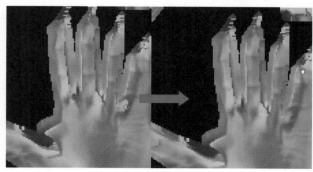

● 图3-250　　　　　　　　　　　　　● 图3-251

◎　烘焙出的法线贴图都会有红色的错误部分，需要在Photoshop中进行处理，这时候使用涂抹工具是一个很好的选择。

3.6　绘制身体贴图

本节概述：先使用Max的烘焙功能制作一张参考贴图，然后根据参考贴图绘制。对于头部和身体这类对称的部分，只需要绘制一半，再复制出另一半。图层尽量不要合并，为以后制作高光贴图、透明贴图做准备。

3.6.1　制作参考贴图

目的：在绘制身体贴图的时候有一个问题，就是怎么在绘制贴图的时候使细节和高模模型的细节相对应。在绘制之前要使用烘焙功能将高模细节对应低模的UV渲染出贴图，然后在Photoshop中作为参考，绘制出身体的贴图。

在模型周围放置四盏泛光灯，不开阴影，灯光强度设置如图3-252所示。

在前面观察灯光位置如图3-253所示。

身体前后两盏灯光是用来照射身体前后方，身体侧面灯光用来照亮身体侧方，下面的灯光是模拟漫反射效果。

点击键盘的"8"键，打开环境特效面板，要保证"Tint"颜色为纯白色，"Ambient"颜色为纯黑色，如图3-254所示。

选择低模模型，点击"0"键，打开烘焙面板，在Output通道里删除法线贴图，并添加"CompleteMap"贴图类型，如图3-255所示。

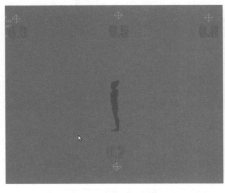

● 图3-252　　　　　　　● 图3-253　　　　　　　● 图3-254　　　　　　　● 图3-255

将渲染尺寸设定为1024×1024，渲染如图3-256所示。

红色部分是产生错误的地方，由于高模模型只有右边，低模模型两边都有，所以在头部左侧和身体左侧会产生错误，需要稍后在Photoshop中进行修改。

在Photoshop中打开渲染出的CompleteMap贴图。先要处理小面积的红色错误，使用红色附近区域的颜色对红色部分进行描绘，手部修正后如图3-257所示。

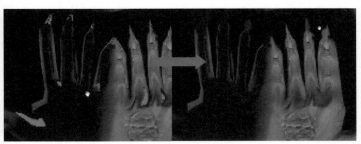

● 图3-256　　　　　　　　　　　　　　　● 图3-257

修正口腔处红色的错误部分，如图3-258所示。

修正头部红色的错误部分，如图3-259所示。

准备工作已经完成，现在就可以深入刻画绘制贴图。

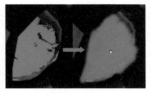
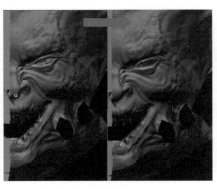

● 图3-258　　　　　　　　　● 图3-259

3.6.2 绘制身体皮肤

目的: 身体皮肤以蓝色为主,在后背和四肢外侧皮肤粗糙,有深色的斑点。

在"背景"层上新建"图层1",填充成一种纯度、饱和度不太高的蓝色,如图3-260所示。

将"图层1"的叠加方式改成叠加,不透明度设置成80左右,如图3-261所示。

● 图3-260　　　　　　　　　　　　　● 图3-261

新建"图层2",在"图层2"中绘制粗糙的皮肤纹理。先在额头和颧骨部分绘制出深色的斑点,斑点的位置一定要按照纹理的位置,在突起部位绘制,如图3-262所示。

绘制出面部所有的纹理,但注意大小和轻重要有变化,如图3-263所示。

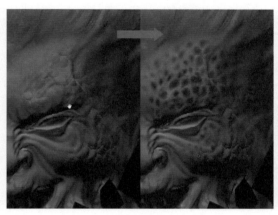

● 图3-262　　　　　　　　　　　　　● 图3-263

在肩膀突起处绘制斑点,如图3-264所示。

绘制出整个胳膊的斑点,如图3-265所示。

保存贴图,在Max中给材质指定漫反射通道,渲染如图3-266所示。

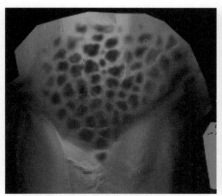

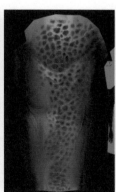

● 图3-264　　　　　　　　● 图3-265　　　　　　　　● 图3-266

绘制贴图的时候一定要经常在Max中观察，以便随时进行调整。

在胸部上方绘制斑点，如图3-267所示。

在身体上绘制出斑点，注意主要在后背和腋下绘制，因为胸腹部比较柔软并没有粗糙的纹理，如图3-268所示。

在腿部外侧进行斑点的绘制，如图3-269所示。

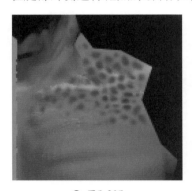

● 图3-267

● 图3-268

● 图3-269

在手背绘制斑点，如图3-270所示。

在脚背部分绘制斑点，如图3-271所示。

保存贴图，在Max中渲染如图3-272所示。

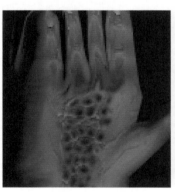

● 图3-270

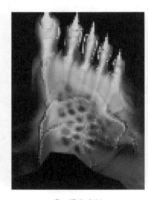

● 图3-271

● 图3-272

回到Photoshop，继续精细绘制贴图。对肩膀和大臂上的斑点绘制出深浅的变化，增加细节，如图3-273所示。

在小臂上的斑点绘制细节，如图3-274所示。

绘制完所有斑点后效果如图3-275所示。

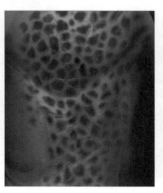

● 图3-273

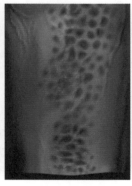

● 图3-274

● 图3-275

角色皮肤在粗糙的部分和皮肤柔软的部分颜色是不一样的, 粗糙的皮肤应该颜色较深, 柔软的腹部皮肤应该颜色较浅, 要新建图层进行绘制。

新建"图层4", 使用较深的颜色, 在斑点密布的地方绘制, 如图3-276所示。

使用较浅的蓝色在斑点较少的部分绘制, 如图3-277所示。

● 图3-276

● 图3-277

保存贴图, 在Max中进行渲染, 可以发现在UV相接的部分有明显的深色接缝, 如图3-278所示。

选择涂抹工具, 使用常用的虚边笔触, 强度设定为70%左右, 如图3-279所示。

● 图3-278

● 图3-279

在贴图0上进行涂抹修改, 注意涂抹的方向, 要从UV内部向外涂抹, 注意不要破坏绘制好的细节, 如图3-280所示。

身体上方涂抹后的效果如图3-281所示。

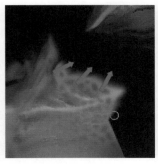

● 图3-280

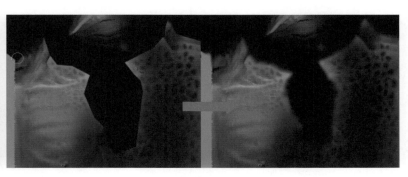

● 图3-281

将所有接缝的部分进行涂抹，如图3-282所示。

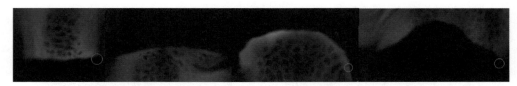

● 图3-282

保存贴图，在Max中渲染可以看出黑色的接缝线已经消失了，如图3-283所示。

● 图3-283

3.6.3 绘制毛发

目的：绘制出红色的毛发，毛发的绘制有一定的技巧，需要制作专门的毛发笔触来绘制。

新建一个300×300像素的图像，在白色的背景上使用纯黑色绘制出几个大小不等的黑点，使用选取工具框选绘制的黑点，如图3-284所示。

在"编辑"菜单中选择"定义画笔预设"，如图3-285所示。

选择画笔工具，右键点击打开笔触列表，在最下面可以看到刚定义好的笔刷，如图3-286所示。

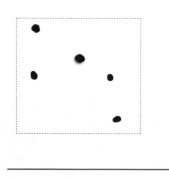

● 图3-284

● 图3-285

● 图3-286

现在只是有笔尖形状，还需要设定画笔属性。打开画笔属性面板，勾选"动态形状"，如图3-287所示。

可以将设定好的笔刷进行保存，方便以后调用。点击"新建笔刷"按钮，在画笔名称里输入名称，如图3-288所示。

新建"图层6"，专门用于毛发绘制。

选择深红色,如图3-289所示。

● 图3-287　　　　　　　　　● 图3-288　　　　　　　　　● 图3-289

　　先绘制最上面的一缕头发,按照毛发生长方向绘制,笔触要细长均匀,不能过于短促,绘制得紧密一些,如图3-290所示。

　　继续绘制,注意毛发的整体感,绘制出毛发一簇一簇的感觉,同时要注意表现出毛发的明暗关系,在靠近头部处较密,如图3-291所示。

 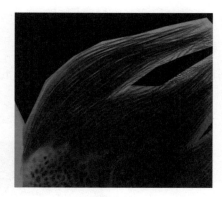

● 图3-290　　　　　　　　　　　　　● 图3-291

　　使用较亮的橙色绘制毛发较亮的部分,增强头发立体感,如图3-292所示。
　　选择更接近黄色的橙色,继续绘制毛发亮部,如图3-293所示。

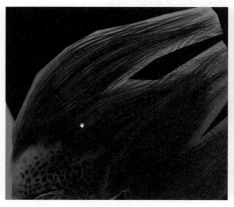 

● 图3-292　　　　　　　　　　　　　● 图3-293

使用较小的笔触绘制毛发细节，整体效果如图3-294所示。

保存贴图。在Max中渲染模型，可以看到现在头发已经有了较好的毛发效果，如图3-295所示。

● 图3-294

● 图3-295

◎ 要学会自定义毛发笔刷，这对于毛发的绘制是很重要的。

3.6.4 处理贴图

目的：现在身体已经基本绘制完成，但由于只绘制出了一半，需要将另一半头部和身体复制出来。

将身体的UV图像拖入到贴图中，进行颜色翻转，叠加模式设置成正片叠底，如图3-296所示。

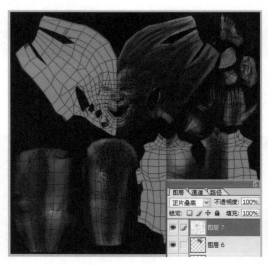
● 图3-296

◎ 接下来要参考着UV，进行头部和身体左边的复制，但并不一次将所有图层统一复制，而要对每个图层分别进行复制修改。这和鹿角武士是不同的，鹿角武士只需要一张颜色贴图，颜色、高光、阴影、凹凸都要在这张图里绘制出来，而翼火蛇需要颜色贴图、高光贴图、凹凸贴图等专门的贴图来控制相应的效果，多分层会便于高光贴图等制作。

先修改基础图层，也就是"图层0"，隐藏除UV层外的其他图层，修改后如图3-297所示。
显示出皮肤粗糙处的暗色部分图层，复制修改后如图3-298所示。

● 图3-297

● 图3-298

显示出皮肤斑点图层，复制修改后如图3-299所示。
显示出头发图层，复制修改后如图3-300所示。

● 图3-299

● 图3-300

处理头发中间重叠的部分，如图3-301所示。

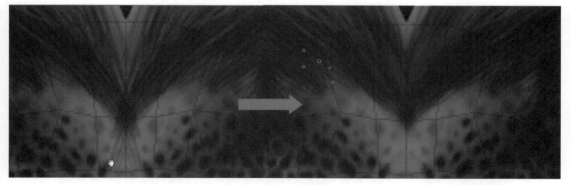

● 图3-301

3.7 使用BodyPaint3D去除接缝

本节概述：本章将上章绘制的身体贴图导入到BodyPaint3D中进行绘制，消除接缝并绘制出一些在Photoshop中不容易绘制的细节。

在Max中将身体模型以".obj"格式导出，在BodyPaint3D中打开，如图3-302所示。

在Photoshop中将身体贴图除UV层外所有图层合并，因为在BodyPaint3D中绘制的时候图层过多会不方便。

新建材质，导入合并图层后的贴图，指定给模型，如图3-303所示。

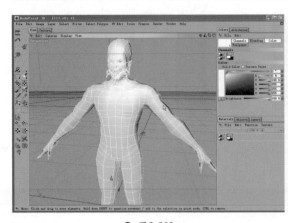

● 图3-302

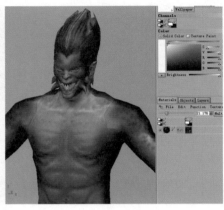

● 图3-303

在视图的"Cameras"菜单中选择"Parallel"显示方式，这种方式类似于Max中的"User"方式，是种没有透视的立体显示，如图3-304所示。

使用投射方式进行绘制，如图3-305所示。

绘制右边牙齿，牙齿应该偏白，上面有些纹理，如图3-306所示。

● 图3-304

● 图3-305

● 图3-306

绘制左边的牙齿，如图3-307所示。

消除角部处的接缝，并在角上绘制出纹理细节，如图3-308所示。

● 图3-307

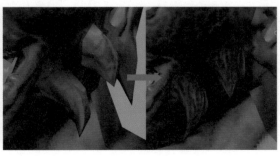

● 图3-308

消除耳朵处的接缝，如图3-309所示。
消除脖子侧面的接缝，如图3-310所示。

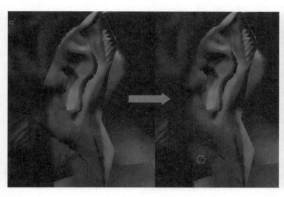

● 图3-309

● 图3-310

消除肩膀和身体正面交界处的接缝，并在接缝处绘制细节，如图3-311所示。

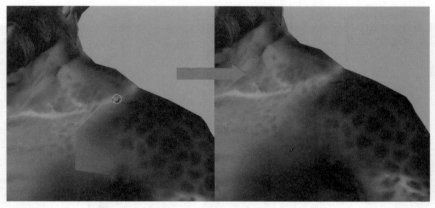

● 图3-311

消除肩膀和身体背面交界处的接缝，并在接缝处绘制细节，如图3-312所示。

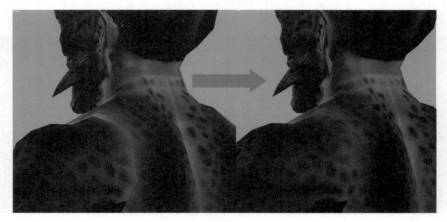

● 图3-312

消除腋下的接缝，如图3-313所示。
消除手腕内侧接缝，如图3-314所示。

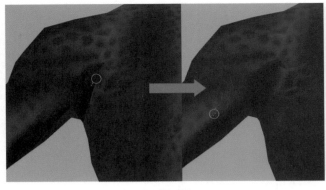

● 图3-313

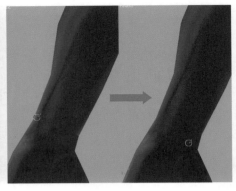

● 图3-314

消除手腕外侧的接缝，并在接缝处绘制细节，如图3-315所示。
消除大腿前面和身体的接缝，如图3-316所示。

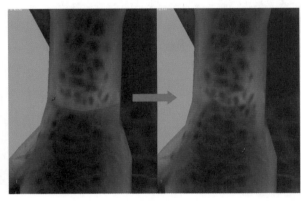

● 图3-315

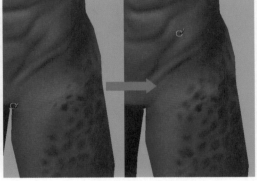

● 图3-316

消除大腿侧面和身体的接缝，如图3-317所示。
消除大腿背面和身体的接缝，如图3-318所示。

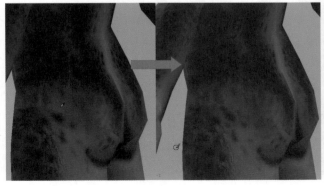

● 图3-317

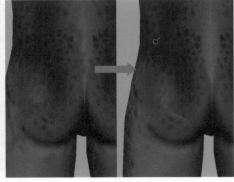

● 图3-318

点击"投射"按钮,恢复正常模式,如图3-319所示。

在"Layers"面板中的图层上点击右键,选择"Texture"中的"SaveTexture",保存成".tga"格式,如图3-320所示。

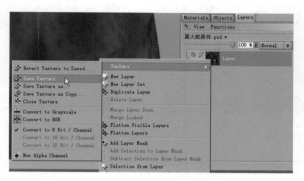

● 图3-319 　　　　　　　　　　　● 图3-320

3.8 制作身体高光和透明贴图

3.8.1 整理贴图

目的:在BodyPaint3D中只消除了身体一半的接缝,需要在Photoshop中修改出另外一半,需要修改的地方是头部和身体左侧的接缝处。

将上节保存好的".tga"图片在Photoshop中打开,拖动到原始的.psd贴图中,放置在UV层下面,如图3-321所示。

修改头部左侧耳朵和角部接缝处,具体过程在以前章节中重复过多次,就不赘述了,效果如图3-322所示。

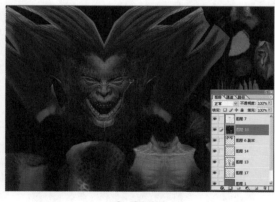

● 图3-321

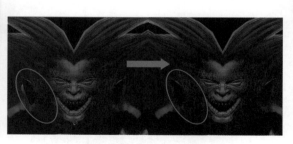

● 图3-322

复制修改身体左侧的接缝部分,如图3-323所示。

保存贴图,可以看出身体两侧的接缝都已经得到了很好的处理,如图3-324所示。

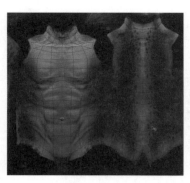

● 图3-323

● 图3-324

3.8.2 制作透明贴图

目的：透明贴图是一张只有灰度的贴图，放置在Max的透明通道里使用。可以像制作鹿角武士时一样使用一张单独的贴图，也可以制作一张即有颜色信息又有透明通道信息的贴图，同时放置在漫反射通道和透明通道中使用，这样的格式主要有".png"、".tga"等。本节翼火蛇的透明贴图就采用这种做法。

选择头发透明的部分，注意不要选择头部，然后将头发图层下的实体图层删除，如图3-325所示。

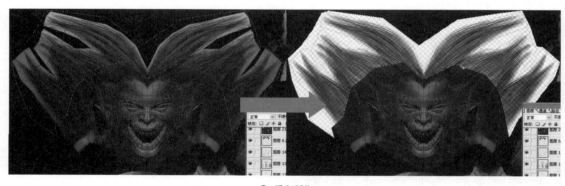

● 图3-325

使用涂抹工具，将强度设置在80左右，在实体图层按照头发生长方向涂抹，如图3-326所示。按照头发的形状多次涂抹，不要超出头发的边缘，如图3-327所示。

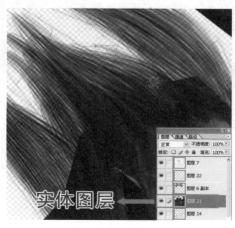

● 图3-326

● 图3-327

按照同样的方法在实体层涂抹出所有的头发,如图3-328所示。

翼火蛇身体贴图只有毛发的部分是透明的,因此现在就可以将修改好的贴图保存,保存的格式选择".png"格式,弹出的".PNG"选项面板中的"交错"选项中选择"无",如图3-329所示。

打开Max,可以将漫反射通道和透明通道都指定成刚保存好的png贴图。

先在漫反射通道里指定刚才保存的贴图,然后将贴图拖动指定给"Opacity"通道,在复制方式中选择"Copy"方式,如图3-330所示。

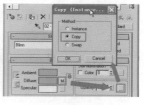

● 图3-328　　　　　　　● 图3-329　　　　　　　● 图3-330

可以看到模型已经有了透明的效果,但效果并不正确,如图3-331所示。

进入"Opacity"参数面板,在输出通道中选择"Alpha",可以看到现在透明效果已经正确了,如图3-332所示。

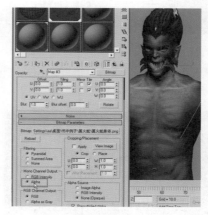

● 图3-331　　　　　　　　　　● 图3-332

对头部渲染,可以看到毛发的效果非常准确,如图3-333所示。

渲染头部后侧,可以看到毛发根部还有缝隙,需要再修整贴图,如图3-334所示。

在Photoshop中打开刚保存的贴图,仍然使用涂抹工具,对发根处进行修饰,如图3-335所示。

● 图3-333　　　　　　● 图3-334　　　　　　● 图3-335

145

在Max中可以看到发根的效果已经正确了。

◎ 漫反射通道和透明通道使用同一张".png"贴图,但透明通道的输出方式要改变。

3.8.3 制作高光贴图

目的:高光贴图是一张只有灰度的贴图,用来控制模型上面不同位置高光的强弱,颜色越白高光越强,颜色越黑高光越弱。通常用颜色贴图取色后加工生成。

在Photoshop中打开原始身体贴图,将头发图层和实体图层合并,如图3-336所示。
执行"图像"—"调整"—"去色",将合并后的图层颜色去掉,如图3-337所示。

● 图3-336

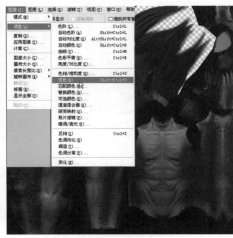

● 图3-337

通过调整色阶,降低图像的对比度、亮度,如图3-338所示。
将斑点图层移动到最上面,如图3-339所示。

● 图3-338

● 图3-339

将斑点图层进行去色处理,如图3-340所示。
由于斑点处是突起的,所以高光应该比较高。使用曲线调整斑点的亮度,如图3-341所示。

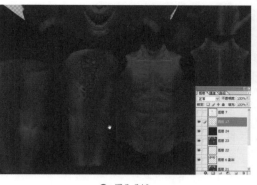

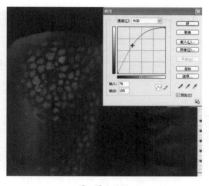

● 图3-340

● 图3-341

使用白色,用常用的虚边笔触在面部油脂较多的地方绘制,如额头、鼻尖、颧骨、鼻窝处等,如图3-342所示。

在胸部、腹部肌肉的突起处绘制,如图3-343所示。

在胳膊肌肉的突起处绘制。绘制血管,使血管有较强的高光,如图3-344所示。

● 图3-342

● 图3-343

● 图3-344

在角、耳朵等细节上绘制提亮,完成高光贴图,如图3-345所示。

将完成的高光贴图保存成".tga"格式,是一种游戏制作时广泛采用的格式。

在Max中将高光贴图放置到高光强度通道里使用,如图3-346所示。

渲染模型,可以看到模型上已经有了正确的高光,如图3-347所示。

● 图3-345

● 图3-346

● 图3-347

◎ 高光贴图一般由颜色贴图去色后加工而成,需要分析一下人体哪些地方容易产生高光。

①人体容易在油脂分泌旺盛的地方产生高光,比如额头、鼻尖、面颊等。

②在大块突出的地方容易产生高光,比如胸部、腹部的肌肉突起处。

③细节处突出的地方,比如皮肤上粗糙的斑点部分,突起的斑点要比斑点间的缝隙高光强烈。

3.9 修饰细节，完成身体制作

本节概述：在翼火蛇身体各种贴图绘制好之后，需要根据贴图对模型再次进行一些细节的处理，鹿角武士贴图完成之后也进行了这样的操作。

3.9.1 头发的完善

目的：现在从头部后面观察，由于头发只有一层，可以看到头内部的空洞，这是需要修正的。

渲染头发后面，观察可以发现头部内部的空洞，如图3-348所示。

在侧面选择头发的面，不需要选择头部的面，如图3-349所示。

按住键盘的"Shift"键，使用移动工具，点击任意一个轴向，就可以复制出头发模型，如图3-350所示。

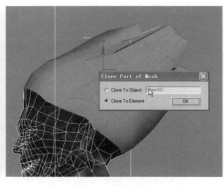

● 图3-348　　　　　● 图3-349　　　　　● 图3-350

将复制出的头发部分分离出身体，名称可以任意指定。隐藏身体模型，单独对复制出的头发进行修改，如图3-351所示。

将头发末端透明度较高的毛发进行塌陷，如图3-352所示。

将头发末端的点焊接在一起，如图3-353所示。

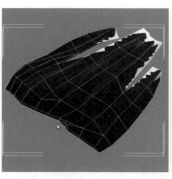
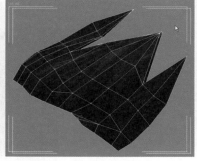
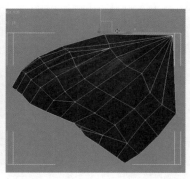

● 图3-351　　　　　● 图3-352　　　　　● 图3-353

调整头发的形状，使布线均匀，如图3-354所示。

在后面对头发进行渲染，可以看到缝隙处还是镂空的，如图3-355所示。

给模型添加"Unwrap UVW"命令，对UV进行修改。修改边缘部分的UV，使贴图避免透明的部分，如图3-356所示。

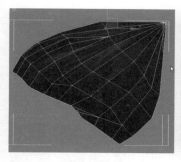

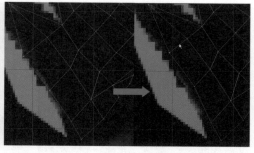

● 图3-354　　　　　　　● 图3-355　　　　　　　● 图3-356

调整好所有边缘的UV，如图3-357所示。

再次渲染模型，可以看到已经没有了镂空，如图3-358所示。

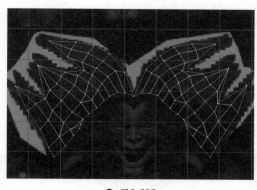

● 图3-357　　　　　　　　　　　　● 图3-358

◎　新制作的头发模型在内侧，主要是起到避免头部镂空的效果，所以稍微有点拉伸问题不大。

3.9.2　制作眼球

1. 制作眼球模型

目的：现在需要制作眼球部分。因为翼火蛇的眼睛结构是按照真的人眼解剖结构制作，所以需要制作出眼球，这和鹿角武士是不同的。

切换到前视图，在右边眼睛的位置建立一个"Sphere（球体）"模型，将"Segments（分段数）"设定为8，如图3-359所示。

在侧面将眼球移动到眼睛的位置，如图3-360所示。

将眼球转化成"Poly"，删除后半部分，如图3-361所示。

使用放缩命令将眼球压扁，如图3-362所示。

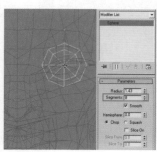

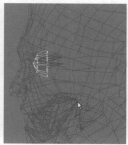

● 图3-359　　　　　　● 图3-360　　　　　　● 图3-361　　　　　　● 图3-362

使用选择命令将眼球放置合适的角度,如图3-363所示。

给眼球模型添加"Unwrap UVW"命令,可以看到现在UV还是比较乱的,如图3-364所示。

选择所有的面,进行快速平面展开,如图3-365所示。

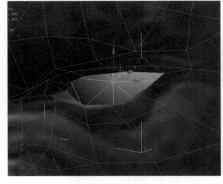

● 图3-363　　　　　　　　● 图3-364　　　　　　　　● 图3-365

2．绘制眼球贴图

在Photoshop中打开皮肤贴图,左侧有比较大的空间,可以在这里绘制眼球贴图。先制作一个圆形,填充上一种较浅的褐色,如图3-366所示。

在球形中间进行减淡处理,表现出眼球的弧度,如图3-367所示。

绘制出黑眼球部分,同样在边缘加深,如图3-368所示。

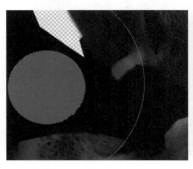

● 图3-366　　　　　　　　● 图3-367　　　　　　　　● 图3-368

在黑眼球上绘制细节,并在下面绘制一些反光,如图3-369所示。

将瞳孔绘制成饱和度较高的绿色,体现出翼火蛇妖怪的特点,并在白眼球上绘制出血管,如图3-370所示。

绘制眼皮在眼球上产生的阴影,如图3-371所示。

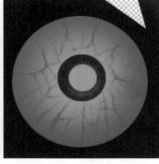

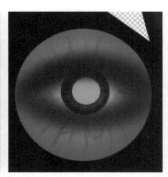

● 图3-369　　　　　　　　● 图3-370　　　　　　　　● 图3-371

保存贴图，在Max中将身体贴图指定给眼球，如图3-372所示。

编辑眼球的UV，将UV缩小至眼球大小，参考着模型上的显示调整UV的位置，如图3-373所示。

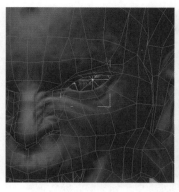 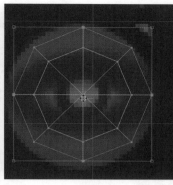 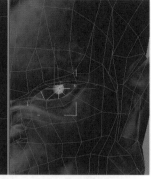

● 图3-372   ● 图3-373

渲染模型，但眼球并没有显示出应该有的效果，如图3-374所示。

眼球渲染不出的原因是因为在法线贴图中眼球的位置是黑色，需要对法线贴图进行修改。在Photoshop中打开法线贴图，在眼球的位置填充成浅蓝色，如图3-375所示。

● 图3-374   ● 图3-375

保存法线贴图，在Max中再次渲染，可以看到眼球的显示已经正常了，如图3-376所示。

给眼球添加"Symmetry"命令，复制出左边眼球，如图3-377所示。

● 图3-376   ● 图3-377

选择身体模型，结合新做的眼球和头发模型，成为一个整体。

3.10 衣服模型制作

本节概述: 本节将制作翼火蛇的衣服。衣服的制作和身体略有些不同: 身体的制作需要先制作出基础模型, 然后在ZBrush中绘制出高模模型, 再到Max中制作低模模型; 而衣服可以直接先在Max中制作出低模模型, 然后在ZBrush中绘制出高模模型, 再导入到Max中作为参考, 调整已经制作好的低模模型即可。衣服模型由于结构比较简单, 不像身体对模型结构要求那么高, 可以直接在Max中制作出来, 最后再根据高模模型结构略微调整即可。

3.10.1 制作袍子和腰带模型

先来制作角色身上最贴身的袍子部分。选择身体腰围的半圈面, 进行复制, 如图3-378所示。
将复制出的面使用"Detach (分离)"命令和身体分离, 如图3-379所示。

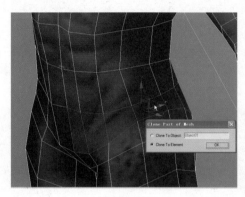

● 图3-378

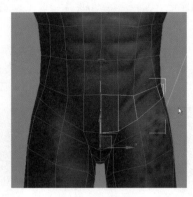

● 图3-379

给模型添加"Symmetry"命令, 复制出左边模型, 如图3-380所示。
在侧面调整模型, 使模型比身体略大, 如图3-381所示。
为了方便制作衣服, 将身体以半透明方式显示。调整模型上的面, 使一圈面的大小均匀一致, 如图3-382所示。

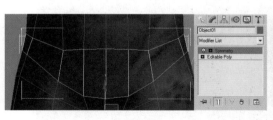

● 图3-380

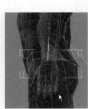

● 图3-381

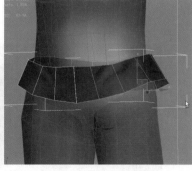

● 图3-382

在正面选择模型下端的线进行拖动复制操作, 如图3-383所示。
侧面的形状还不符合衣服的形状, 需要进行调节, 如图3-384所示。
因为袍子上的点较多, 直接进行点的调节比较麻烦, 所以选择袍子上新生成的点之后添加"FFD 4×4×4"修改器, 如图3-385所示。

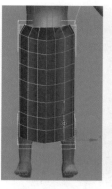

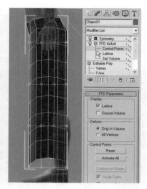

● 图3-383　　　　　　　● 图3-384　　　　　　　● 图3-385

　　FFD是一个很有用的修改器，上面有很多控制点可以选择，对复制模型进行整体调节形状的效率很高。进入FFD修改器的"Control　Points（指控点）"子选择，调节FFD上的控制点，使袍子符合身体的形状，如图3-386所示。

　　在正面调节FFD上的控制点，如图3-387所示。

● 图3-386　　　　　　　　　　　● 图3-387

　　塌陷FFD修改器，在袍子侧面进行加线处理，如图3-388所示。

　　删除侧面的面，使袍子从侧面分开，形成前后两片，如图3-389所示。

　　在侧面调整袍子下端的形状，如图3-390所示。

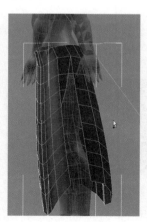

● 图3-388　　　　　　　● 图3-389　　　　　　　● 图3-390

在正面调整袍子边缘的形状，形成凹凸不平的边缘，如图3-391所示。

在侧面调整袍子边缘，形成凹凸不平的边缘，如图3-392所示。

在袍子腰部制作腰带。先在腰部做加线处理，加两圈线，如图3-393所示。

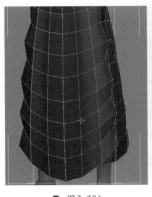  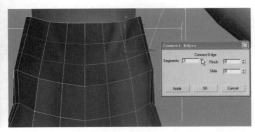

● 图3-391　　　　● 图3-392　　　　　　　● 图3-393

调整腰带位置形状，使腰带向内收，如图3-394所示。

选择腰带上的一圈面，使用"Bevel（倒角）"工具挤出。倒角工具和挤出工具比较相似，区别是挤出后可以同时进行放缩，如图3-395所示。

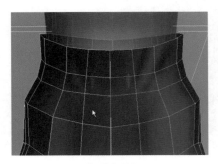 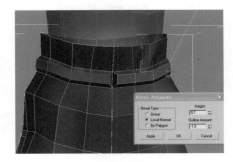

● 图3-394　　　　　　　　　　● 图3-395

删除中间的面，修正中间的点，如图3-396所示。

调整袍子顶端的点，如图3-397所示。

 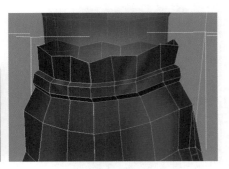

● 图3-396　　　　　　　　　　● 图3-397

◎　通常在制作衣服盔甲的时候，都要从身体上的面修改而成，比如对鹿角武士盔甲的制作、对翼火蛇衣服盔甲的制作。

3.10.2 制作盔甲模型

制作腹部的盔甲部分。在前视图里建立一个平面物体，如图3-398所示。
给平面物体添加"Symmetry"命令，如图3-399所示。
修正盔甲的形状，如图3-400所示。

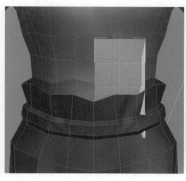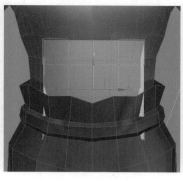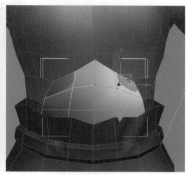

● 图3-398　　　　● 图3-399　　　　● 图3-400

在侧面调整盔甲形状，使盔甲符合腹部的形状，如图3-401所示。
调整衣服和盔甲穿插的部分，如图3-402所示。

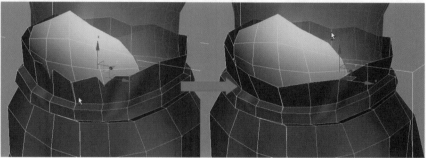

● 图3-401　　　　● 图3-402

3.10.3 制作腰带上结的结构

制作腰带上的结，将通过修改基础模型得到。在前视图里建立一个"Tube（管子）"物体，如图3-403所示。

将"Tube"物体转化成"Poly"，选择后放置在腰带位置，如图3-404所示。

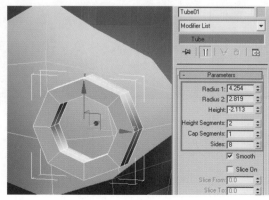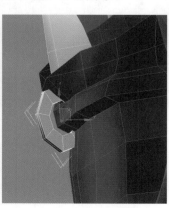

● 图3-403　　　　● 图3-404

将穿插在腰带内侧的面删除,如图3-405所示。
调整形状,使下端较大,如图3-406所示。
在正面选择复制出一个,如图3-407所示。

  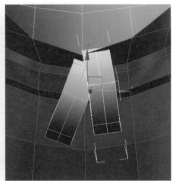

● 图3-405　　　　　● 图3-406　　　　　● 图3-407

调整结的形状如图3-408所示。
复制出一个结,然后删除内部的面,如图3-409所示。

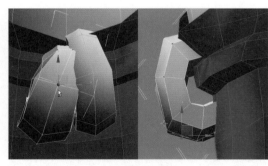 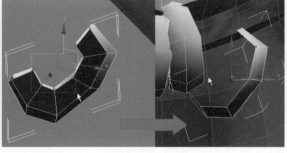

● 图3-408　　　　　　　　　● 图3-409

调整形状,如图3-410所示。
使用镜像复制工具复制出左边的部分,如图3-411所示。

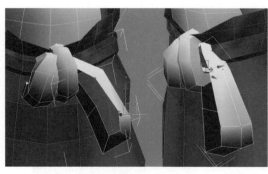 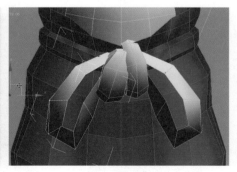

● 图3-410　　　　　　　　　● 图3-411

调整形状使左右两边不完全对称,如图3-412所示。
制作结下的小飘带部分。选择袍子上一排的面,如图3-413所示。
复制并和袍子分离,如图3-414所示。

● 图3-412　　　　　　　● 图3-413　　　　　　　● 图3-414

调整形状如图3-415所示。

镜像复制出左边，调整形状和右边略有区别，如图3-416所示。

● 图3-415　　　　　　　　　　● 图3-416

3.10.4　制作飘带模型

制作身体后面的飘带。建立一个平面物体，并添加"Symmetry"命令，如图3-417所示。

延长边缘并调整形状，如图3-418所示。

调整侧面形状，如图3-419所示。

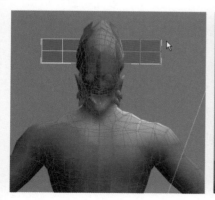

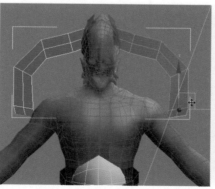

● 图3-417　　　　　　　● 图3-418　　　　　　● 图3-419

继续延长并调整形状，如图3-420所示。

延长到和袍子相近的长度，调整形状，如图3-421所示。

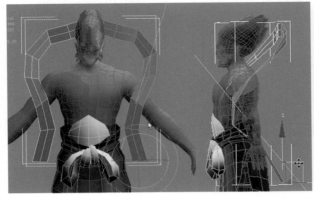
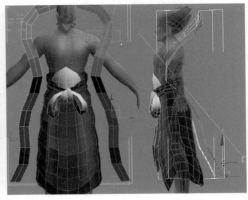

● 图3-420　　　　　　　　　　　　　　● 图3-421

现在飘带的粗细过于一致，没有变化，看起来比较呆板。使用放缩命令局部调整粗细，如图3-422所示。

调整后整体效果如图3-423所示。

将所有衣服部分结合成一个整体，如图3-424所示。

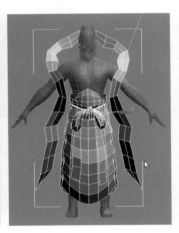

● 图3-422　　　　　　　● 图3-423　　　　　　　● 图3-424

将衣服模型导出成".obj"格式，以便下节在ZBrush中进行细节刻画。

3.11　在ZBrush中加工衣服模型

本节概述：将低模模型导入到ZBrush中进行精细雕刻，掌握布料纹理的雕刻方式。

3.11.1　添加细分

在ZBrush中打开上节制作的衣服模型，如图3-425所示。

在"Ceometry"中点击细分按钮，增加衣服面数，如图3-426所示。

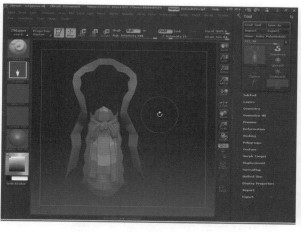

● 图3-425

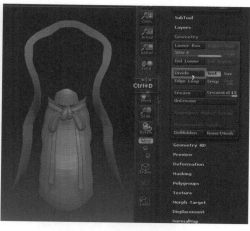

● 图3-426

　　可以发现衣服在增加细节的同时形状发生了很大的变化，甚至还因此出现了很多的接缝。解决这个问题很简单，按细分旁边的"Smt"按钮取消激活状态，这样细分的时候就不会同时进行光滑处理，如图3-427所示。

　　点击"Smt"按钮，使之处在激活状态，再次进行细分。由于现在模型面数较多，所以进行光滑细分也不会太多改变模型的形状，如图3-428所示。

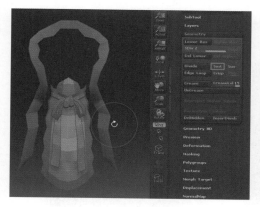

● 图3-427

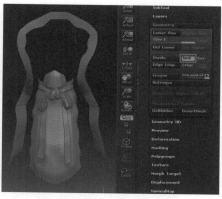

● 图3-428

　　光滑细分之后模型会变得圆滑。使用拖拽笔触，增加衣服边缘的变化，如图3-429所示。

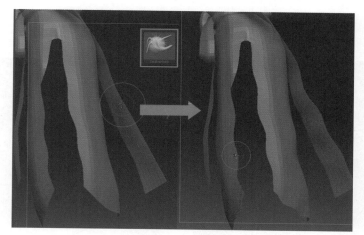

● 图3-429

◎ 增加模型细分有两种方法,细分并圆滑(激活"Smt"按钮)和细分不圆滑(不激活"Smt"按钮),要注意两种方法的灵活应用。

3.11.2 绘制布料褶皱

整体调整之后如图3-430所示。

将细分增加到4,使用标准笔刷进行绘制。在飘带上绘制褶皱,绘制的时候可以打开x轴向的对称(点击键盘"X"键),如图3-431所示。

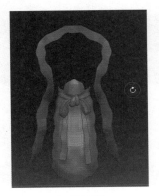

● 图3-430

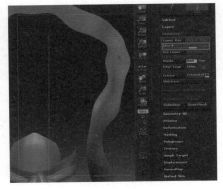

● 图3-431

将细分增加到5,在飘带上部继续绘制更小的细节,如图3-432所示。

在腰带的小飘带上绘制细节褶皱,如图3-433所示。

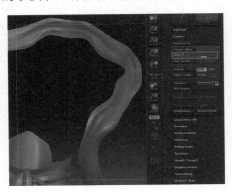

● 图3-432

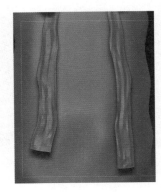

● 图3-433

在腰带的结上绘制褶皱,如图3-434所示。

继续绘制褶皱,如图3-435所示。

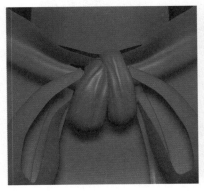

● 图3-434

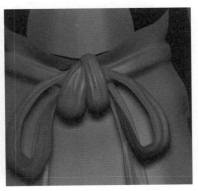

● 图3-435

绘制袍子腰间的褶皱，如图3-436所示。
注意褶皱的方向及深浅的变化，如图3-437所示。

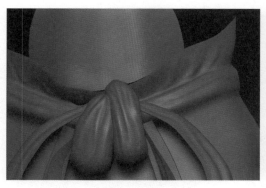

● 图3-436

● 图3-437

绘制腰带后面的褶皱，如图3-438所示。
可以看到在腰带后面产生了错误，错误的产生是在模型导出的时候没有焊接准确，这种比较细小的错误可以最后在Photoshop中修正制作好的法线贴图。
绘制腰带上面的褶皱，如图3-439所示。

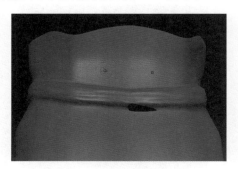

● 图3-438

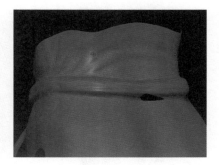

● 图3-439

绘制袍子后面的褶皱，如图3-440所示。
绘制臀部的褶皱，如图3-441所示。
绘制袍子侧面的褶皱，如图3-442所示。

● 图3-440

● 图3-441

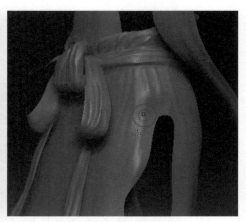

● 图3-442

使用较大笔触绘制袍子前面的褶皱，如图3-443所示。
使用较小笔触绘制细小的褶皱，如图3-444所示。

● 图3-443

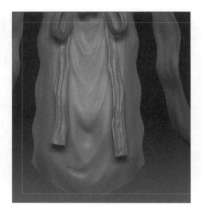

● 图3-444

绘制袍子边缘的褶皱，如图3-445所示。
对细节进行更加细致地刻画。腰带周围的褶皱较深，加以表现，如图3-446所示。

● 图3-445

● 图3-446

衣服部分已经绘制完成，要对腹部的盔甲进行细节雕刻。

3.11.3 绘制盔甲纹理

原画上腹部盔甲是一条龙的形状。先刻画出龙的大体形状，如图3-447所示。
刻画出龙的四肢、背鳍等细节，在空白处绘制出云纹，如图3-448所示。

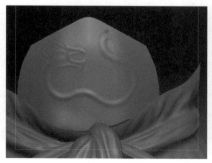

● 图3-447

● 图3-448

增加云纹的绘制，如图3-449所示。

绘制一些深浅不同的划痕，如图3-450所示。

加重龙身的绘制，使龙身更加饱满，如图3-451所示。

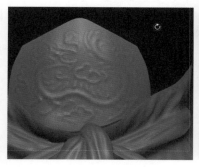  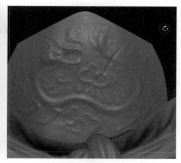

● 图3-449　　　　　　　● 图3-450　　　　　　　● 图3-451

将完成绘制的衣服模型保存成ZBrush的笔刷格式，便于以后的修改，如图3-452所示。

使用"Export"命令将模型导出保存成".obj"格式文件，如图3-453所示。

 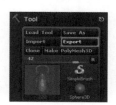

● 图3-452　　　　　　　　　　　● 图3-453

3.12　修改衣服模型并展UV

3.12.1　按照高模修改低模模型

目的：现在高模和低模在外形上并不完全匹配，要参考高模模型修改低模模型。因为只有高、低模型匹配度很高，才能得到很好的法线贴图效果。

将在ZBrush中导出的高模导入Max中，如图3-454所示。

先调整飘带部分，飘带需要调节的就是和高模粗细不同的部分。调整过窄的地方，如图3-455所示。

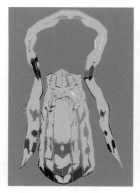 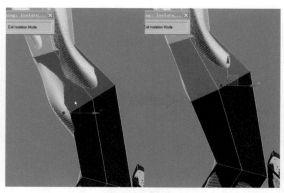

● 图3-454　　　　　　　　　　● 图3-455

调整飘带过粗的地方，如图3-456所示。

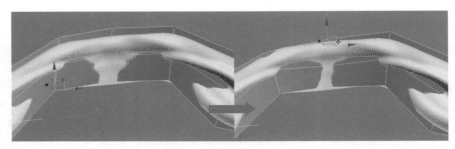

● 图3-456

飘带末端低模和高模距离过大，进行调整，如图3-457所示。
在布线不够的地方，增加布线，如图3-458所示。

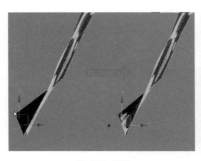

● 图3-457

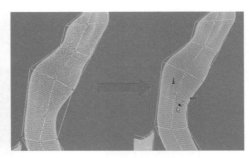

● 图3-458

调整好飘带，接下来调整袍子部分。可以明显观察出在边缘低模模型明显比高模模型高出一截，如图3-459所示。
调整之后如图3-460所示。

● 图3-459

● 图3-460

调整腰带下边的小飘带，如图3-461所示。
调整袍子前面的点，如图3-462所示。

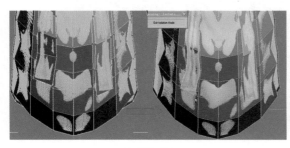

● 图3-461

● 图3-462

调整袍子边缘的形状, 如图3-463所示。
调整袍子下端的形状, 如图3-464所示。

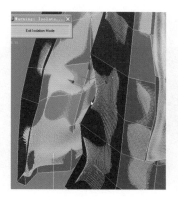

● 图3-463

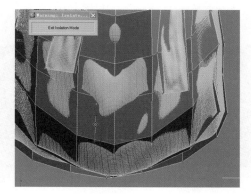

● 图3-464

调整袍子侧面的形状, 如图3-465所示。
调整腰带上结的形状, 如图3-466所示。

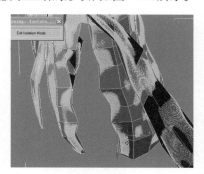

● 图3-465

● 图3-466

按照高模模型调整好低模模型的形态之后, 就可以进行UV展开了。

3.12.2 展开衣服模型UV

目的: 使用快速平面展开和 "Pelt" 工具展开衣服UV。

现在对衣服模型进行展UV的操作。

给模型添加 "Unwrap UVW" 命令, 打开UV编辑器, 可以看到现在UV是很乱的, 如图3-467所示。

在 "Unwrap UVW" 面板中勾选 "Select by Element" 选项, 就可以一次选择整个模型上的独立部分, 如图3-468所示。

选择腰带上结旁边的部分, 如图3-469所示。

● 图3-467

● 图3-468

● 图3-469

使用"Pelt"工具展开（具体过程在身体UV展开时已经介绍过很多次，这里就不赘述了），如图3-470所示。

使用同样的方法展开另一部分，如图3-471所示。

选择盔甲部分，使用快速平面展开，如图3-472所示。

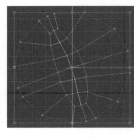
● 图3-470

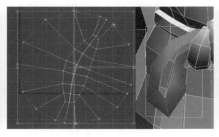
● 图3-471

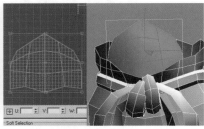
● 图3-472

选择腰带上的小飘带，使用快速平面方式展开，如图3-473所示。

选择"Point to Point Seam"，在袍子侧面切割出接缝，使袍子分成前后两部分，如图3-474所示。

在另一侧用同样方法切割，如图3-475所示。

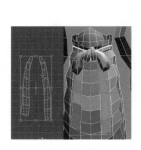
● 图3-473

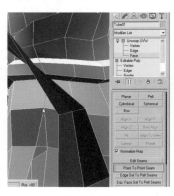
● 图3-474

● 图3-475

选择袍子前面部分，使用"Pelt"工具展开，如图3-476所示。

选择袍子后面的部分，使用"Pelt"工具展开，如图3-477所示。

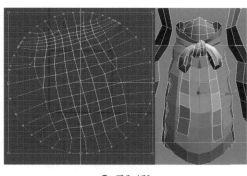
● 图3-476

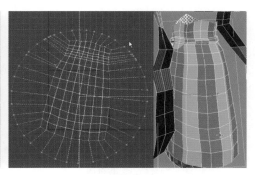
● 图3-477

展开后面的飘带部分。由于飘带过长，展开在一起只能占用很小的贴图部分，会造成细节过低，所以可以将飘带分成三份展开，虽然中间会有接缝，但可以减少贴图拉伸。

选择飘带右下方大约占整体三分之一的部分，使用"Pelt"工具展开，如图3-478所示。

选择飘带上方大约三分之一的面，使用"Pelt"展开，如图3-479所示。

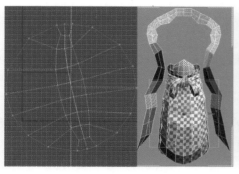
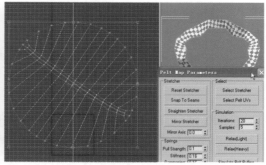

● 图3-478　　　　　　　　　　● 图3-479

选择飘带剩余的部分, 展开如图3-480所示。
选择腰带上的一个结, 使用"Pelt"工具展开, 如图3-481所示。
选择另外一个结, 使用"Pelt"工具展开, 如图3-482所示。

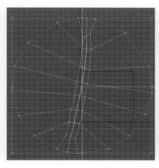
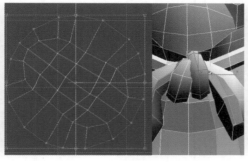
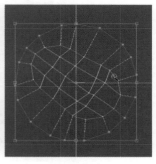

● 图3-480　　　　　　　● 图3-481　　　　　　　● 图3-482

已经展好了所有的UV, 但现在UV很混乱地叠加在一起, 需要将所有的UV先排列开, 如图3-483所示。
参考模型的棋盘格显示调整UV的比例, 如图3-484所示。
将所有UV都放置在蓝色方框内部, 紧密排列, 如图3-485所示。

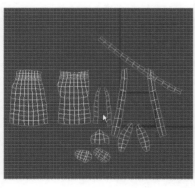
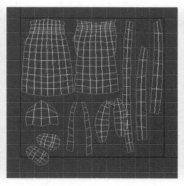
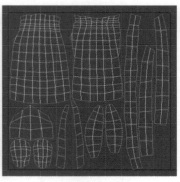

● 图3-483　　　　　　　● 图3-484　　　　　　　● 图3-485

使用"Tools"中的"Render UVW Template"功能, 渲染UV图, 大小设定为1024×1024, 然后将渲染出的UV图保存成".jpg"格式的图像。

3.13 绘制衣服贴图

本节概述：本章要进行衣服贴图绘制，绘制颜色贴图和高光贴图，并制作出法线贴图。

3.13.1 制作法线贴图

◎ 在制作法线贴图之前，一定要保证低模的光滑组正确。一般需要将所有的面设定成一个统一的光滑组，不然制作出的法线贴图会有问题。

在衣服低模模型的面模式中选择所有的面，设定任意一个光滑组，如图3-486所示。

在低模模型的选择状态下点击键盘的"0"键，打开烘焙贴图面板，勾选"Projection Mapping"选项的"Enabled"，使用"Pick"命令拾取高模模型，如图3-487所示。

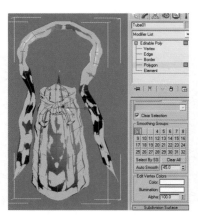

● 图3-486 　　　　　　　　　　　● 图3-487

可以发现在低模模型外面有了一层蓝色的线框，这表示已经和高模模型建立了关联，如图3-488所示。

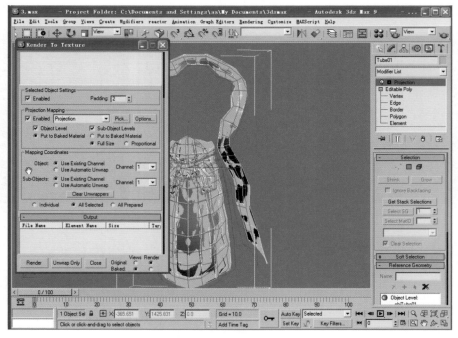

● 图3-488

在"Mapping Coordinates"选项中选择"Use Existing Channel"选项,如图3-489所示。

在"Output"选项中添加"NormalsMap"类型,将贴图大小设定为1024×1024,如图3-490所示。

点击"Render"按钮,渲染出法线贴图。

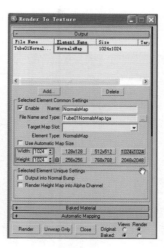

●图3-489　　　　　　　　　　　　　　　●图3-490

3.13.2 制作参考贴图

目的:使用烘焙功能渲染出衣服的参考贴图,为绘制颜色贴图做准备。

按照烘焙身体时候的灯光设置方法设置灯光:身体前后方设置两盏灯光,强度为0.8;身体两个侧面设置两盏灯光,强度为0.3;身体下面设置两盏灯光,强度为0.2,如图3-491所示。

注意这里的设置和烘焙翼火蛇身体时稍有区别。因为翼火蛇身体只烘焙一半,所以只需要在一侧打主光和反光,而衣服两半均要烘焙,所以身体两侧都要打光。

选择低模模型,打开烘焙面板,在"Output"面板中添加"CompleteMap"贴图类型,将贴图尺寸设定成1024×1024,如图3-492所示。渲染效果如图3-493所示。

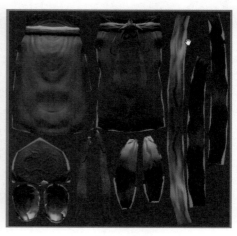

●图3-491　　　　　　　　●图3-492　　　　　　　　●图3-493

3.13.3 修改法线贴图

将法线贴图在Max中打开，将衣服UV拖动到法线贴图中，如图3-494所示。

需要修改贴图中红色的错误部分。使用涂抹工具对红色部分进行处理，注意涂抹的方向，如图3-495所示。

为了调整准确可以使用多边形套索工具选择需要修改的UV，这样可以避免涂抹到相邻的UV部分。修改后的袍子前面部分如图3-496所示。

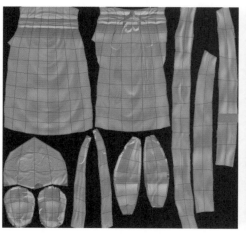

● 图3-494

● 图3-495

● 图3-496

使用同样的方法修正所有的错误部分，如图3-497所示。

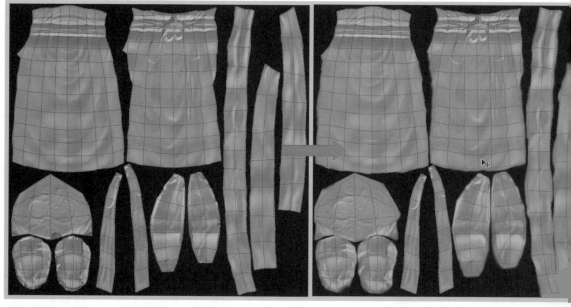

● 图3-497

笑傲次世代

高／级／游／戏／角／色／3D／制／作／宝／典

3.13.4 修改参考贴图

打开参考贴图，将UV图拖入作为参考，如图3-498所示。
使用修正法线贴图用同样的方法修正错误的地方，如图3-499所示。

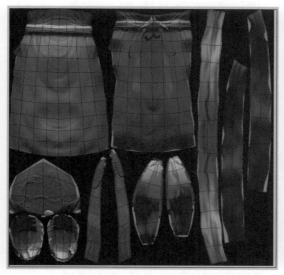

● 图3-498

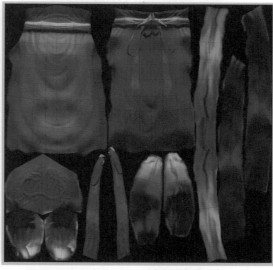

● 图3-499

3.13.5 绘制衣服贴图

目的：制作角色衣服盔甲时要注意颜色统一，一般控制在三个主要颜色之内，不然会显得很花。翼火蛇的衣服是绿色系，在深浅和色相上略有区别。

在修改好的参考贴图上继续绘制衣服贴图。根据翼火蛇的原画，需要将袍子绘制成深绿色，将腰带绘制成黄色，将后面的飘带绘制成浅绿色，将盔甲部分绘制成金黄色。

新建"图层2"，使用多边形套索工具选取袍子部分，如图3-500所示。
使用深绿色进行绘制，注意整体感。袍子的下端和边缘颜色较深，如图3-501所示。

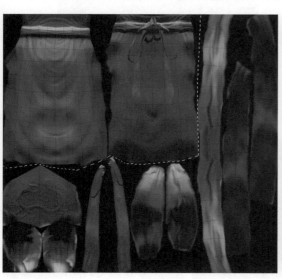

● 图3-500

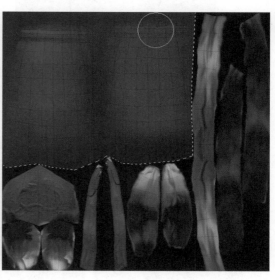

● 图3-501

将"图层2"设定为叠加方式,如图3-502所示。

新建"图层3",使用多边形套索工具在腰带和腰带结的部分建立选区,填充成黄色,如图3-503所示。

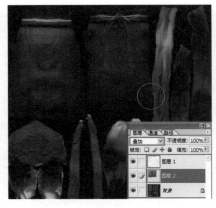

● 图3-502

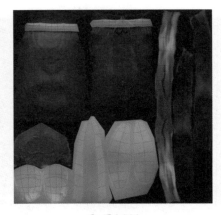

● 图3-503

将"图层3"设定为叠加方式,如图3-504所示。

新建"图层4",飘带后面部分填充成浅绿色,设定成叠加方式,如图3-505所示。

● 图3-504

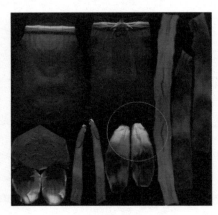

● 图3-505

新建"图层5",在盔甲部分填充成黄色,设定成叠加方式,如图3-506所示。

继续绘制盔甲。新建"图层6",使用深黄色在盔甲边缘绘制,使盔甲有整体感,如图3-507所示。

添加细节,并绘制划痕,如图3-508所示。

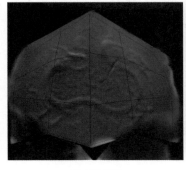

● 图3-506

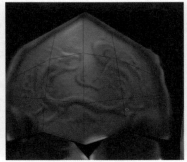

● 图3-507

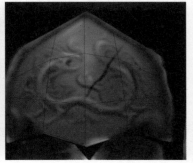

● 图3-508

在袍子上添加花纹。打开一张纹理素材, 如图3-509所示。
使用魔术棒工具选择白色部分并删除, 如图3-510所示。

● 图3-509

● 图3-510

将纹理拖动到贴图中放置在袍子上, 如图3-511所示。
对纹理进行色相和饱和度调整, 勾选"着色"。调整色相、饱和度和明度, 使纹理变成黄色, 如图3-512所示。

● 图3-511

● 图3-512

将叠加模式改成强光, 如图3-513所示。
缩小纹理, 放置在左上角, 如图3-514所示。

● 图3-513

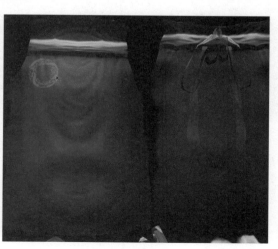

● 图3-514

复制纹理，使纹理自然地布满整个袍子的前后部分，如图3-515所示。

合并所有纹理图层，删除超出袍子边缘的部分，并使用橡皮擦工具擦除一部分纹理，造成略微破旧的效果，如图3-516所示。

● 图3-515

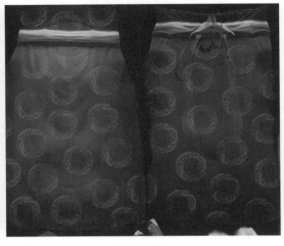

● 图3-516

保存贴图，在Max中指定给衣服，并将法线贴图同样进行指定，如图3-517所示。

可以看出衣服已经有了细节效果，但布料过于整洁，需要在布料边缘做加深处理绘制出脏旧效果。质感过于光滑，需要覆盖布料纹理。

回到Photoshop，在袍子前面部分的边缘使用一种不规则笔刷用深色绘制，如图3-518所示。

● 图3-517

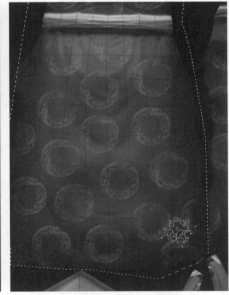

● 图3-518

在袍子后面部分绘制边缘，如图3-519所示。

在飘带边缘部分加深绘制，如图3-520所示。

加深绘制腰带结上的小飘带边缘，如图3-521所示。

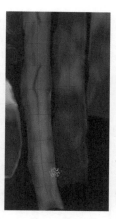

● 图3-519　　　　　● 图3-520　　　　　● 图3-521

制作布料纹理。新建"图层8"，填充灰色，添加纤维滤镜，如图3-522所示。

复制"图层8"，进行90°旋转，并将不透明度设定成50%，使下层的纹理显示出来，如图3-523所示。

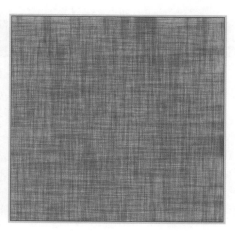

● 图3-522　　　　　　　　　　　● 图3-523

已经有了布料纹理，但纹理较大，缩小放置在画面右下角，如图3-524所示。

通过复制覆盖整个画面，如图3-525所示。

● 图3-524　　　　　　　　　　　● 图3-525

合并整个图层后设定图层叠加方式为叠加，可以看到已经有了很好的布料纹理效果，如图3-526所示。

盔甲也覆盖上了布料纹理，将盔甲上的纹理部分删除，如图3-527所示。

 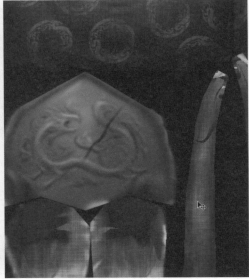

● 图3-526　　　　　　　　　　　　　　　　● 图3-527

◎　绘制角色衣物时不要过于整洁，在衣物上要绘制一些灰尘和破损，特别是在衣物的边缘。

3.13.6　制作高光贴图

按键盘"Ctrl+A"全选画面，隐藏UV层和布料纹理层。按"Ctrl+Shift+C"复制所有可见图层，按"Ctrl+V"进行复制，如图3-528所示。

用去色命令使图像变成灰度图，如图3-529所示。

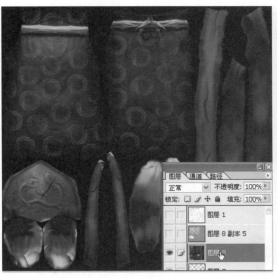 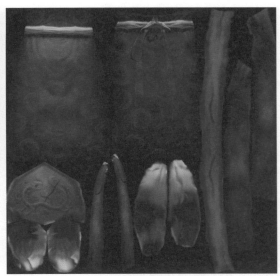

● 图3-528　　　　　　　　　　　　　　　　● 图3-529

使用色阶命令进行调整，减小明暗对比度及亮度，如图3-530所示。

新建"图层9"，使用虚边笔触用白色在褶皱的受光处绘制，如图3-531所示。

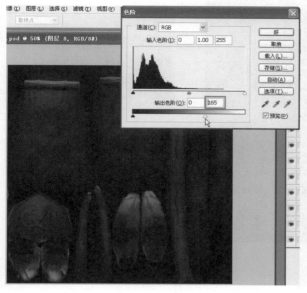

● 图3-530

● 图3-531

在腰带受光处部分绘制，如图3-532所示。

在盔甲受光和突出部分进行绘制，如图3-533所示。

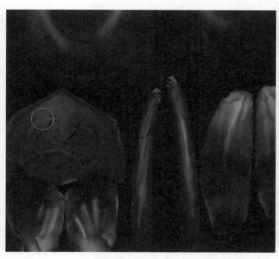

● 图3-532

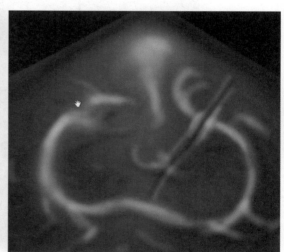

● 图3-533

完成高光贴图绘制，如图3-534所示。

将完成的高光贴图保存成".tga"格式图像。

在Max中将盔甲的材质设定成双面显示，因为衣服从背面也是应该能看到的，如图3-535所示。

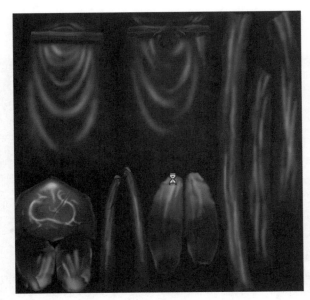

● 图3-534

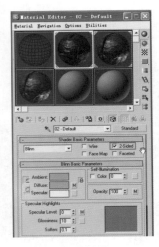

● 图3-535

在Max中给衣服指定颜色贴图、法线贴图、高光贴图，渲染效果如图3-536所示。

● 图3-536

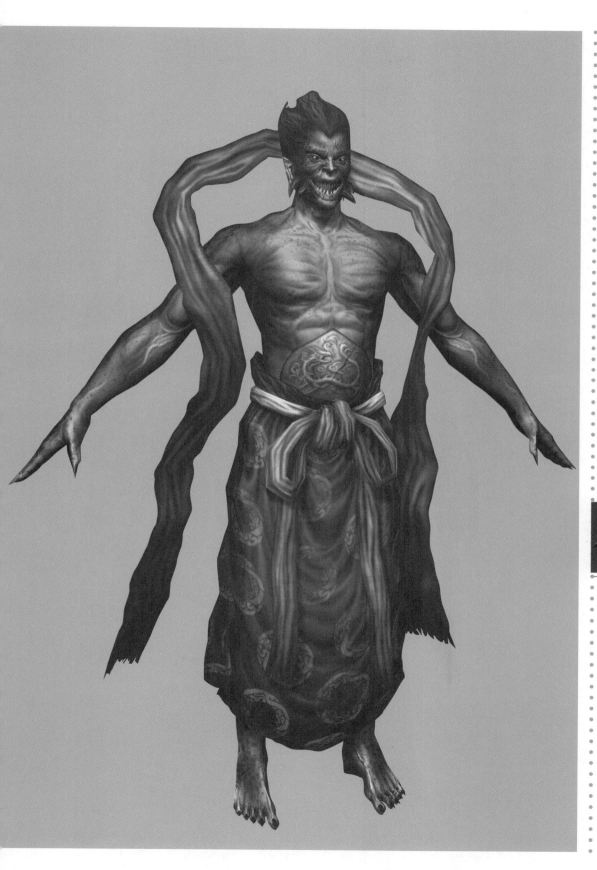

4 优秀作品欣赏
本书作者作品欣赏

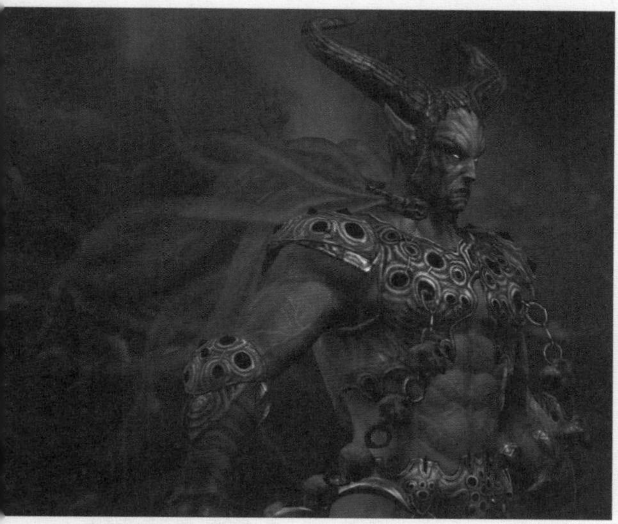

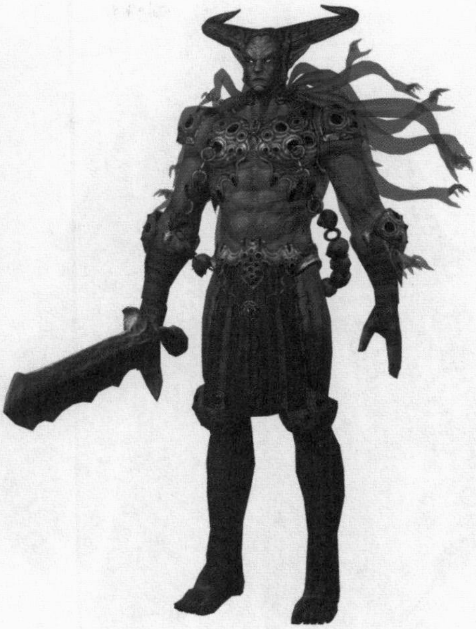

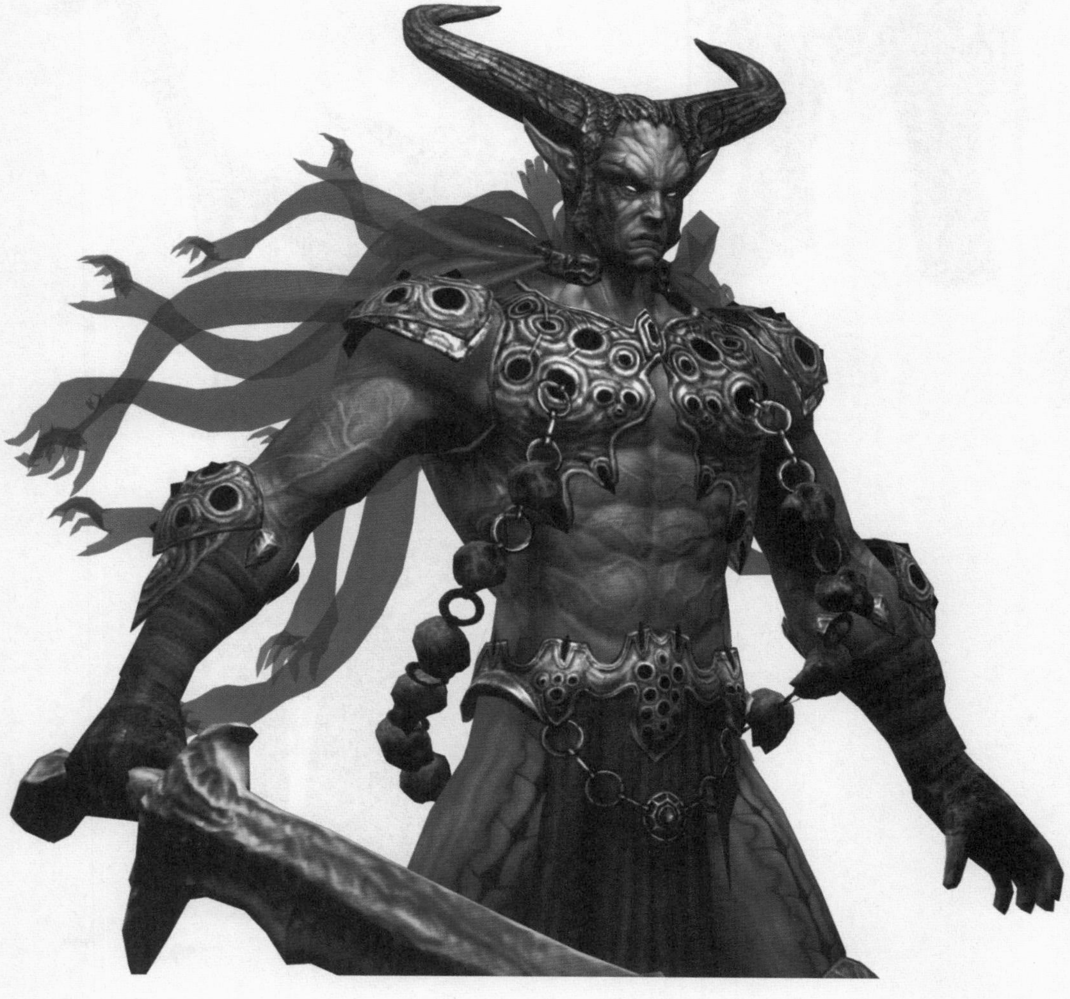

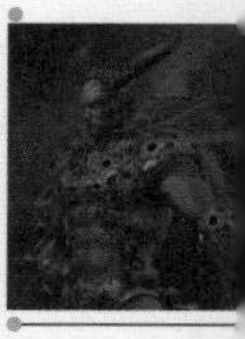

优秀游戏角色欣赏

CG ART

　　"CG ART"系列图书结合丰富的实例,深入浅出地讲解了一些最实用的软件使用技巧,同时,注重于引导读者学会独立地构思,合理地搜集和借鉴使用素材的能力,并激发读者研究不同绘画风格的兴趣。

　　"CG ART"系列图书根据不同的绘画应用领域,介绍利用不同软件来实现自己的设计构想,如绘制插画用Painter或结合Photoshop、游戏一般用3D max结合Zbrush、动漫用Illustrator或Photoshop等。绘画过程图文并茂,步骤详细,说明明确,易学易会易用。所选用的范例典型生动,类型多样,每个范例里穿插软件的使用技巧及创作小结。

　　"CG ART"系列图书内容丰富、讲解详细,鼓励读者的参与和再创作。适合电脑绘画爱好者、概念幻想类美术爱好者阅读,也适合相关艺术院校作为教材。

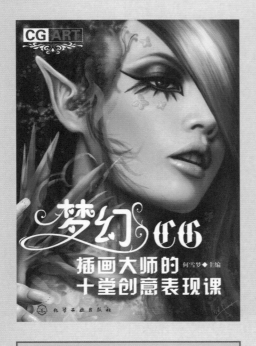

动漫梦工场

CG概念角色制作宝典

海 贝 主编

即将出版